中国草地害鼠的
生物学研究

孙 平　朱文琰　徐世晓　著

中国水利水电出版社
www.waterpub.com.cn
·北京·

内 容 提 要

本书主要对中国草地害鼠的生物学进行了研究,分为三个部分:第一部分是草地生态系统及其功能;第二部分是害鼠的分类学知识和种群生态学特征;第三部分介绍主要生态因子对害鼠种群特征的影响及鼠害防治的方法等。

本书结构合理,条理清晰,内容丰富新颖,是一本值得学习研究的著作,适合于植保科技人员使用,也适合各农林院校植保专业、草学专业、农学专业以及生态学专业的学生参考。

图书在版编目(CIP)数据

中国草地害鼠的生物学研究 / 孙平,朱文琰,徐世
晓著. -- 北京 : 中国水利水电出版社,2018.10 (2025.4 重印)
    ISBN 978-7-5170-6966-9

    Ⅰ. ①中… Ⅱ. ①孙… ②朱… ③徐… Ⅲ. ①鼠科—
生物学—研究 Ⅳ. ①Q959.837

    中国版本图书馆CIP数据核字(2018)第232402号

书　　　名	中国草地害鼠的生物学研究 ZHONGGUO CAODI HAISHU DE SHENGWUXUE YANJIU
作　　　者	孙　平　朱文琰　徐世晓　著
出版发行	中国水利水电出版社
	(北京市海淀区玉渊潭南路 1 号 D 座 100038)
	网址:www. waterpub. com. cn
	E-mail:sales@waterpub. com. cn
	电话:(010)68367658(营销中心)
经　　　售	北京科水图书销售中心(零售)
	电话:(010)88383994、63202643、68545874
	全国各地新华书店和相关出版物销售网点
排　　　版	北京亚吉飞数码科技有限公司
印　　　刷	三河市元兴印务有限公司
规　　　格	170mm×240mm　16 开本　12.75 印张　228 千字
版　　　次	2019 年 3 月第 1 版　2025 年 4 月第 3 次印刷
印　　　数	0001—2000 册
定　　　价	65.00 元

前　言

　　草地是草和其着生土地构成的综合自然体,土地是环境,草(包括草本和灌木植物)是构成草地的主体,具有特有的生态系统,是一种可更新的自然资源。作为国家重要的自然资源,草地资源是人类创造社会财富的主要源泉之一,也是人类生存重要的环境因素。同其他自然资源相比,草地资源具有再生性、地域性、多用性和整体性等明显特征。

　　草地在世界上分布广泛,世界草地面积有 4 100 万～5 600 万 km²,占地球表面积的 31%～43%。世界上有 40 个国家的草地面积占国土面积的 50% 以上,有 7 个国家永久性草地面积达 1.0 亿 hm²,有 9.38 亿人生活在各类草地上。

　　中国是草原资源大国,拥有 3.92 亿 hm² 的天然草地,占国土面积的 41.41%,可利用草地面积占总草地面积的 84.26%,成为世界第二大草地资源国。75% 分布在少数民族自治地区。约有 1 880 万少数民族人口生活在草原牧区或半牧区,蒙古、藏、哈萨克、柯尔克孜、裕固、塔吉克、鄂温克等民族世代以来以草原畜牧业为生。

　　啮齿动物是草地生态系统的重要组成部分,大部分是草地生态系统食物链中的初级消费者,是草地生态系统物质循环、能量流动和信息传递的重要环节,在草地地球化学循环过程中扮演着重要角色。但啮齿动物的种群数量一旦超过一定程度,则会对草地生态系统造成严重影响。近年来,草地鼠害累计发生 2 亿 hm²,成灾面积共 1.3 亿 hm²。鼠害发生最严重的是青海、西藏、内蒙古、甘肃、四川、新疆 6 省(自治区),危害面积约 0.34 亿 hm²,严重危害面积 0.19 亿 hm²,分别占全国鼠害危害面积和严重危害面积的 87% 和 88%。严重危害草地的鼠种主要有达乌尔黄鼠(*Citellus dauricus*)、布氏田鼠(*Lasiopodomys brandtii*)、长爪沙鼠(*Meriones unguiculatus*)、高原鼠兔(*O. curzoniae*)、喜马拉雅旱獭(*Marmota himalayana*)、高原鼢鼠(*M. bailey*)、中华鼢鼠(*M. fontanieri*)、西藏鼠兔(*O. thibetana*)等。

　　本书内容分为三个部分:第一部分是草地生态系统及其功能,介绍中国草地生态系统的划分及其重要价值;第二部分是害鼠的分类学知识和种群生态学特征,主要介绍了 31 种啮齿目害鼠(包括仓鼠科、鼠科、松鼠科、跳鼠科等)的传统分类学和种群生态学知识,另外,兔形目和啮齿目均属于啮齿动物,对草地生态系统也有较严重危害,因此,本书还介绍了9种兔形目主要害兽(集中于鼠兔科和兔科);第三部分介绍主要生态因子对害鼠种群特征的影响及鼠害防治的方法等。

本书是草地生态学、啮齿动物分类学和害鼠防治研究的集体结晶,因此,涉及害鼠传统分类学、种群生态学以及草地生态学、鼠害的防治方法等,是全国众多科研工作者的精心奉献,在此,本书著者对他们的工作表示衷心感谢!

本书的出版得到国家科技支撑计划(2014BAC05B04-04)和中国农业科学院农田灌溉研究所重点实验室开放课题(FIRI2016-08)的资助。徐世晓负责第1、2章的写作,朱文琰负责第3～5章的写作,孙平负责统稿、写作提纲并负责剩余章节内容的写作。在本书编写过程中,河南科技大学动物科技学院的领导和同事们提供了诸多帮助,表示衷心感谢!

本书参阅了部分出版物的相关内容,在此一并致谢。除了书中注明外,其他图片均来自网络。由于时间仓促和作者水平有限,书中不足之处乃至错误在所难免,敬请同行专家和读者批评、指正。

作　者

2018 年 3 月

目　录

第1章 中国草地生态系统的划分

　　草地是草和其着生土地构成的综合自然体,土地是环境,草是构成草地的主体,也是人类经营利用的主要对象。因此,草地是一种自然资源,作为国家重要的自然资源,草地资源是人类创造社会财富的主要源泉之一,也是人类生存重要的环境因素。同其他自然资源相比,草地资源具有再生性、地域性、多用性和整体性等明显特征。

　　草地在世界上分布广泛,世界草地面积有 4 100 万~5 600 万 km²,占地球表面积的 31%~43%,地球上的每一个大陆都分布有草原生态系统。世界上有 40 个国家的草地面积占国土面积的 50% 以上。非洲有 20 个国家的草地占整个国家土地面积的 70% 以上。北美洲、中美洲、东亚、南美洲、撒哈拉以南的非洲、大洋洲的草地面积都占农业用地的 50% 以上,其中大洋洲就占 90%。世界上有 17%,即 9.38 亿人生活在各类草地上,他们以草地为生。全世界有 7 个国家永久性草地面积达 1 亿 hm²,分别为澳大利亚、原苏联、中国、美国、巴西、阿根廷和蒙古。

　　中国是草原资源大国,拥有 3.92 亿 hm² 的天然草地,占国土面积的 41.41%,可利用草地面积占总草地面积的 84.26%,成为世界第二大草地资源国。75% 的草地分布在少数民族自治地区(如西藏、内蒙古、新疆、青海等地)。约有 1 880 万少数民族人口生活在草原牧区或半牧区,蒙古、藏、哈萨克、柯尔克孜、裕固、塔吉克、鄂温克等民族世代以来以草原畜牧业为生。

　　草地作为主要的陆地生态系统之一,是绿色植物资源中最大的再生性自然资源。我国草地主要分布于东北、西北和青藏高原地区,大体上从东北大兴安岭起,向西南经阴山山脉、秦陇山地直至青藏高原东麓,将中国分为西北和东南两大部分,包括准噶尔盆地、天山山脉、大兴安岭、内蒙古高原、黄土高原和青藏高原等地区。西北部以高原、盆地、山地为主,主要为草原和荒漠,草地集中分布于西藏、新疆、青海、甘肃、四川、云南、黑龙江、吉林等省(自治区)境内。由于自然因素和近年来人类因素的影响,草地生态系统变得越来越脆弱。对全国各省(自治区,直辖市)2001—2009 年草地面积的遥感数据统计结果表明,虽然内蒙古、黑龙江、吉林、辽宁、青海、四川、重庆、贵州、湖南、广东、海南和浙江的草地面积略有增加,但其他各省自治区,直辖市的草地面积呈现减少趋势,草地面积在 7 年内由 2003 年的 4.201 亿 hm² 减少为 2009 年的 4.032 亿 hm²,因而全国草地面积总体呈减少趋势。其中,人类活动对草地的影响强度平均为 38.18%。因此,研究我国草地的变化动态和潜在自然植被人类占用状况,对了解草地农业生态环境现状和改善草地农业生态环境具有极其重要的意义。

由于中国草地分布地域广阔,横跨热带、亚热带、温带和寒温带等气候带,各地气候、土壤、地形、植被等自然条件复杂多样,因此形成了复杂繁多的草地类型。为了更加深入认识草地的发生、发展和演替规律,更好地指导人类的草地经营活动和草地资源管理工作,人类根据不同的分类依据,对草地进行了详细的分类。这不仅是人类认识和研究草地资源自然特性和经济特性的重要技术手段,也是人类科学开发、充分利用、有效保护和建设草地的理论依据。草地类型是指在一定的时间和空间范围内,具有相同自然和经济特征的草地单元。随着生产和科技的发展,尤其是"3S"技术的应用,人类对草地特征认识逐步深入、丰富和系统。因此,建立和完善科学的分类依据与系统,对于人类科学认识、客观评价和合理利用草地具有重要的意义。新中国成立以来,中国草地科学工作者分别提出了植物-生境分类法和气候-土地-植被综合顺序分类法等分类方法。

关于中国草地分类的最新研究,柳小妮等(2012)依据草地综合顺序分类系统(CSCS)原理,利用中国区域 1961—2004 年的气象信息数据,以及 1 km 分辨率的 DEM(高程)数据,借助 ArcGIS 平台,采用优化的气象要素模拟方法——多元回归＋残差分析(AMMRR),以及 3 种传统插值方法,模拟了中国多年平均的大于 0℃ 年积温($\Sigma\theta$)和年均降水量(r)的空间分布,并利用 AMMRR 法对中国草地进行分类。研究结果如下:

(1)AMMRR 模拟得到的 $\Sigma\theta$ 和 r 与实测样本的相关系数分别为 0.976 和 0.974,极显著相关($P<0.01$);相对平均误差(RME)、平均绝对误差(MAE)和均方根误差(RMSE)均小于 3 种传统插值方法。

(2)AMMRR 通过经纬度、海拔高度与气象要素间的多元回归以及残差分析修正,不仅弥补了原始站点不足且分布不均匀的缺点,而且也充分体现了海拔落差较大区域气象要素的垂直变化。气象站点分布密集的区域,4 种方法模拟的效果较一致,其空间格局与真实地理环境相似;但站点稀疏而且分布不均匀的区域,只有 AMMRR 的模拟结果才能反映出小尺度空间分布中地形的空间分异作用,结果比较理想。

(3)依据 CSCS 原理,中国草地包括除炎热极干热带荒漠类(ⅧA7)的其他 41 个地带性草地类。从南到北,$\Sigma\theta$ 减小,依次分布着炎热潮湿雨林类(ⅧF42)-亚热潮湿常绿阔叶林类(ⅥF41)-暖热潮湿落叶、常绿阔叶林类

（ⅤF40）-暖温潮湿落叶阔叶林类（ⅣF39）；从东向西，r 降低，依次分布着微温潮湿针叶阔叶混交林类（ⅢF38）-微温湿润森林草原、落叶阔叶林类（ⅢE31）-微温微润草甸草原类（ⅢD24）-微温微干温带典型草原类（ⅢC17），地带性规律明显（柳小妮 等，2012）。

利用 AMMRR 法对中国草地进行分类的结果发现，寒冷潮湿多雨冻原、高山草甸类分布面积最大，约 115 万 km^2，是唯一一种所占比例超过 10% 的草地类型，集中分布在甘肃省、青海省和西藏自治区，平均海拔超过 3 000 m 以上。其中，面积最大的为潮湿类草地，有 3 883 315.601 km^2，占 40.451%；其次是温润类草地，面积为 1 819 919.863 km^2，占 18.957%；第三是极干类草地，面积为 1 539 290.407 km^2，占 16.034%；第四是干旱类草地，面积为 980 553.653 km^2，占 10.215%；第五是微润类草地，面积为 801 967.766 km^2，占 8.355%；微干类草地面积最小，为 574 892.713 km^2，占 5.989%（表 1-1）。

表 1-1　中国草地综合顺序分类结果

序号	草地类型	面积/km^2	比例/%
IA1	寒冷极干寒带荒漠、高山荒漠类	305 995.514	3.187
IIA2	寒温极干山地荒漠类	111 262.117	1.159
IIIA3	微温极干温带荒漠类	254 426.204	2.650
IVA4	暖温极干暖温带荒漠类	861 459.913	8.974
VA5	暖热极干亚热带荒漠类	6 145.917	0.064
VIA6	亚热极干亚热带荒漠类	0.742	—
VIIA7	炎热极干热带荒漠类	—	—
IB8	寒冷干旱寒带半荒漠、高山半荒漠类	78 836.259	0.821
IIB9	寒温干旱山地半荒漠类	105 074.784	1.095
IIIB10	微温干旱温带半荒漠类	618 021.100	6.438
IVB11	暖温干旱暖温带半荒漠类	178 250.166	1.857
VB12	暖热干旱亚热带半荒漠类	61.466	0.000 6
VIB13	亚热干旱亚热带半荒漠类	287.786	0.00 3
VIIB14	炎热干旱热带半荒漠类	22.092	0.000 2
IC15	寒冷微干干燥冻原、高山草原类	48 064.091	0.501
IIC16	寒温微干山地草原类	59 997.793	0.625
IIIC17	微温微干温带典型草原类	322 333.571	3.358
IVC18	暖温微干暖温带典型草原类	136 637.532	1.423

（续）

序号	草地类型	面积/km²	比例/%
VC19	暖热微干亚热带禾草、灌木草原类	2 898.957	0.030
VIC20	亚热微干亚热带禾草、灌木草原类	4 415.672	0.046
VIIC21	炎热微干稀树草原类	545.097	0.006
ID22	寒冷微润少雨冻原、高山草甸草原类	49 210.663	0.513
IID23	寒温微润山地草甸草原类	53 562.114	0.558
IIID24	微温微润草甸草原类	352 566.219	3.673
IVD25	暖温微润森林草原类	263 741.567	2.747
VD26	暖热微润落叶阔叶林类	51 366.807	0.535
VID27	亚热微润硬叶林和灌丛类	28 933.299	0.302
VIID28	炎热微润干旱森林类	2 587.097	0.027
IE29	寒冷湿润冻原、高山草甸类	82 796.490	0.862
IIE30	寒温湿润山地草甸类	125 438.941	1.307
IIIE31	微温湿润森林草原、落叶阔叶林类	552 560.983	5.756
IVE32	暖温湿润落叶阔叶林类	351 486.727	3.661
VE33	暖热湿润常绿、落叶阔叶林类	392 870.911	4.092
VIE34	亚热湿润常绿阔叶林类	267 384.429	2.785
VIIE35	炎热湿润季雨林类	47 381.382	0.494
IF36	寒冷潮湿多雨冻原、高山草甸类	1 163 158.302	12.116
IIF37	寒温潮湿寒温性针叶林类	613 388.541	6.389
IIIF38	微温潮湿针叶阔叶混交林类	484 424.298	5.046
IVF39	暖温潮湿落叶阔叶林类	376 009.071	3.917
VF40	暖热潮湿落叶、常绿阔叶林类	605 910.740	6.312
VIF41	亚热潮湿常绿阔叶林类	574 753.376	5.987
VIIF42	炎热潮湿雨林类	65 671.273	0.684

注：摘自柳小妮等（2012），略有修改。

由于影响气象要素因子的复杂性，很多学者降低气象要素模拟不确定性的根本途径是引入DEM（高程）数据、遥感数据等高密度、高相关性变量，将其整合到现有的插值算法中，可获得较好的插值结果。依据CSCS原理，利用DEM数据，置换传统站点记录的海拔高度数据，建立气象要素与经纬度、海拔高度等之间的回归关系，优化传统气象要素空间模拟方法，提供气象数据的模拟精度,并依此划分中国草原区(表 1-2),为气象数据空间模拟和草地类可视化表达提供新的方法和技术参考,为草地畜牧业可持续发展研究提供信息量更丰富的基础图件。

表 1-2　中国草原区分布及特点

地区		面积占比	气候	代表性植物
东北草原区	包括黑龙江、吉林、辽宁三省的西部和内蒙古的东北部	2%	温带半湿润、半干旱气候	以多年生丛生禾草和根茎禾草为主,比如菊科、禾本科和豆科等植物
南方草山草坡区	中国南方有大片的草山草坡以及大量的零星草地,这些统称为南方草山草坡区	约 14%	暖温带、亚热带和热带的湿润、半湿润气候区	区内以多年生中型禾草为主,辅以少数高大禾草、小型莎草、半灌木或者小乔木
蒙宁甘草原区	包括内蒙古、甘肃两省区的大部和宁夏的全部,以及冀北、晋北和陕北的草原地区	30%	典型的季风气候,冬季寒冷干燥,夏季温湿多雨,春秋气候多变	优良牧草有 200 多种,如羊草、披碱草、雀麦草、狐茅、针茅、早熟禾、花苜蓿、冷蒿等
新疆草原区	北起阿尔泰山和准噶尔界山,南至昆仑山与阿尔金山之间	22%	距海洋十分遥远,周围高山环峙,海洋气流难以到达,因而干燥少雨	牧草种类有羊茅、狐茅、鸭茅、苔草、光雀麦、车轴草等
青藏草原区	位于中国西南部,北至昆仑山和祁连山,南至喜马拉雅山,西接帕米尔高原,包括青海、西藏的全部和甘肃的西南部,以及四川和云南两省的西北部等	32%	典型的大陆性季风气候,冬季寒冷干燥,夏季温湿多雨	牧草种类有垂穗披碱草、羊茅、针茅、矮嵩草、小嵩草、早熟禾、青海苜蓿、蒲公英等

第2章　草地生态系统服务功能降低的影响因素

草原/草地(Rangeland/Grassland)生态系统服务的价值大小取决于草原的自然资本大小和生态系统功能,自然资本大,意味着它能自然产生或与制造业资本和人力资本相结合后能产生较大的服务价值和较大的人类福利;相反,零自然资本只能意味着零服务和零人类福利。因此,走可持续发展的道路,维持和保护草原的最大自然资本,是保持其生态系统服务价值的根本措施。本章内容综述了降低草原生态系统服务功能和价值的主要因素,讨论了关爱草原、享受草原生态系统服务的意义。

2.1　降低草原生态系统服务功能和价值的主要因素

当前,导致草原生态系统服务功能和价值不断降低的原因有很多,但从范围的大小和影响深远的程度来说,主要有以下四个因素。

2.1.1　改变草原生态系统的用途

由于草原是人类最早的文明发源地和活动中心,因而是农田和城市的主要开发对象。当前,农业、城镇化的发展以及高速公路和高铁等道路建设进一步改变了草地的范围、组成和结构,因此世界草原早已失去了它的大部分领域,更难以确定草原已失去的确切面积。据 White 等(2000)对世界5个潜在的植被可能全部是草原的地区进行了深入研究后估算指出:世界温带草原的 25% 被改变为农田。各大洲的草原被改变用途的情况各有不同,北美洲高草草原表现出最大的变化,农田占了这个地区面积的 71%,城市占了 19%;相反,在亚洲、非洲和大洋洲的草原地区,其面积至少 60% 是草原,不足 29% 是农田,2% 以下是城市或建筑物(表 2-1)。中国草地被改变用途的主要趋向是:①耕地;②林地;③水域;④城镇工矿用地;⑤难以利用的沙地、盐碱地(国家环境保护总局 等,2002)。中国在 20 世纪后 50 年,共有 4 次草原大开荒,1 930 万 hm² 的草原被开垦,仅 20 世纪 80 年代以来就达 700 万 hm²(李维薇 等,2001)。目前,全国耕地的 18.2% 源于草原(新华,2004)。被开垦的草原有 50% 因生产力逐年下降而被撂荒成为裸地或沙地。1995—2000 年,西部地区草地对耕地扩大的贡献率达到 69.5%(国家环境保护总局 等,2002)。由于不断开垦,从 20 世纪初至今,我国北方草原向北退缩约 200 km,向西退缩约 100 km。此外,草原牧区无序工矿业和道路的发展,也使大面积的草原生境遭到彻底的破坏和改变。例如,内蒙古锡林郭勒盟东乌珠穆沁旗的三四家工矿业的无序发展就占用和毁坏了 2 733 hm² 草原。1995—2003 年,中国西部迅速增加的难利用的沙漠化土地和盐碱地面积,草原的贡献率为 83.1%。草原被改变为农田、城市和道路等用途后,就改变了草原的生境,改变了草原生态系统的结构和运行方式,也就从根本上丧失了草原生态系统服务的功能。

表 2-1　世界五大洲草原被改变用途的情况估算(White 等,2000)

大陆及地区	保留的草地	转变为农田	转变为城镇	总转变率
北美洲:美国高草草原	9.4	71.2	18.7	89.9
南美洲:巴西、巴拉圭和玻利维亚的热带高草草原、林地和热带稀树草原	21.0	71.0	5.0	76.0
亚洲:蒙古国、俄罗斯和中国的草原	71.7	19.9	1.5	21.4
非洲:坦桑尼亚、卢旺达、布隆迪、赞比亚、博茨瓦纳、津巴布韦和莫桑比克的稀树草原和林地	73.3	19.1	0.4	19.5
大洋洲:澳大利亚西南部的灌丛地和林地	56.7	37.2	1.8	39.0

2.1.2　草原破碎化

农业、城市化发展和道路建设是造成草原破碎化的主要原因,草原围栏和木本植物向草原蔓延也能造成严重的破碎化。大面积的草原在被分割为小块后形成的草原破碎化,会对生态系统服务的质量和数量造成不利的影响。据 Ricketts 等(1997)报告,在西半球,草原生态地区破碎化最严重的地方是北美洲温带和亚热带的集约耕作区。在美国大草原地区,大量的道路建设加剧了草原的破碎化程度。如果不考虑公路网,美国 90% 的草原、博茨瓦纳 98% 的草原是由每块面积为 10 000 km² 甚至更大的地块构成的,但是由于道路的因素,这种大面积的草原地块没有继续保留下来,美国 70% 的草原是由小于 1 000 km² 的地块组成的。据 2000 年遥感快查显示,我国 25 hm² 以上的成片草原仅剩 3.3 亿 hm²,比 20 世纪 80 年代全国草原统一普查时减少 2 623 万 hm²,每年平均减少 150 万 hm²。也就是说,由于农业、城镇化发展和道路建设等多种原因,我国的草原每年有 150 万 hm² 破碎为不大于 25 hm² 的小片。草原破碎化影响生态系统服务的原因是:增加人为火灾的频率而使生境退化;破坏草原性质的一致性;降低草原保持生物多样性的能力。破碎化对草原生物多样性的不利影响主要是它能造成小而分散的种群,这样的种群容易遭受近亲繁殖和种群数量不稳定的有害影响,导致种群数量减少和退化,严重时会造成种群的消失或灭绝,钱易等(2000)的物种濒于灭绝涡流图(图 2-1)很好地解释了这一问题。此外,草地破碎化,面积变小,也就不能很好地提供如水调节、基因资源、栖息地、游憩和娱乐、文化等服务项目的强度和质量。

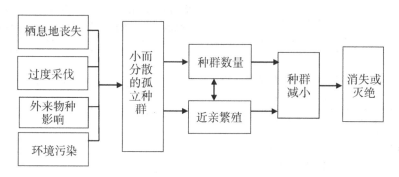

图 2-1　全球物种濒于灭绝涡流图(修改自钱易,2000)

2.1.3　火

火是大多数草原生态系统自然发生的现象。在人类干扰很少的情况下,草原由于闪电而引发的典型自然火灾频率很低,在热带稀树草原的湿润地区一般 1~3 年发生 1 次(Frost,1985),而在干旱地区 1~20 年发生 1 次(Walker,1985)。但是,如今自然火灾次数与在人类干扰下引发的火灾次数相比微不足道(Livine,1999)。火是人类用来管理放牧草原的重要手段之一。火能阻止灌木对草原的侵占,去除干枯、粗硬的植物枝条,加速营养物质的循环。没有火,世界上许多草原的木本植物的密度会增加,最终会将草原转变为灌丛或森林。

此外,草原的火还可帮助猎人追捕猎物,帮助牧民控制牧草的病害和虫害。人类在热带稀树草原上利用火的历史已有 150 万～200 万年,并继续将火作为低成本、高效率管理草原的方法(Andreae,1991)。例如,许多非洲国家的牧民利用火来保持稀树草原的良好牧用状况,清除动物的尸体残骸。因此,目前世界上每年约有 5 亿 hm^2 的热带和亚热带稀树草原、林地和疏林地使用火管理(Goldammer,1995)。尽管火能帮助牧民管理草原并带来很多的好处,但是它也损害草地,尤其是在频率较自然火高出许多而成为火灾的时候。草原火灾是高能量、大面积、燃烧猛烈、蔓延迅速、破坏性很强的火,它不仅烧掉植物和土壤上层的有机质,烧死土壤动物和微生物,造成水土流失,彻底毁坏草地,还可烧毁大量国家和人民的财产,直接危及人畜安全。此外还有一点十分重要,那就是草原火灾释放污染物,污染大气,影响动植物的正常生活。地球上每年被焚烧的生物体的大部分来自稀树草原,而 2/3 的热带稀树草原分布在非洲,因此联合国环境规划署在其年度报告中把非洲称作"地球的燃烧中心"(Livine,1999)。热带稀树草原的火产生的 CO_2 占全球生物体燃烧产生的 CO_2 的 40%(Andreae,1991)。

中国在 1950—1987 年共发生草原火灾 50 000 多次,年均约 1 800 次,造成经济损失 300 亿元(中华人民共和国农业部畜牧兽医司 等,1996),几乎相当于这个时期国家对草原的总投入。2002 年中国发生草原火灾 448次,其中,草原火警 366 起,一般草原火灾 76 起,重大、特大草原火灾 3 起,受害面积 6.2 万 hm^2。

2.1.4　草原退化

草原和草食动物已经相互依存了几百万年。大群迁徙的草食动物如北美草原的野牛、非洲稀树草原的角马和斑马、亚洲青藏高原高寒草甸的藏羚羊以及各个草原上广泛分布的啮齿动物等,是草地生态系统功能不可缺少的部分。适度的放牧活动,可以刺激草本植物的再生,主要通过去除光合效率低下的枯萎或凋落组织,使阳光更多地到达幼嫩组织,从而促进植物生长,增加土壤湿度,提高草地植物的水分利用率,维持较高的生物多样性。

家畜放牧可以重复这些有利的影响,但由于群牧的家畜管理方法、集中圈养的方式又会对草地造成一定的不良后果。例如,由于有兽医卫生系统、兽害预防、供水和补饲等良好条件,因此牛、绵羊和山羊等畜群没有重复野生动物群的放牧方式,在一定草地上放牧的家畜数量大大多于原有野生动物的数量,因而对生态系统形成更强烈的影响。饮水系统和刺铁丝围栏的使用,导致了家畜的定居和更加集中地利用草地。数量多、密度大的家畜放牧及其繁殖方式,会破坏草地植被,改变草地群落结构,减少草原支持生物多样性的能力,踩实土壤,加速水土流失,最终造成草原退化。人口增长、贫困以及对畜产品尤其是对肉类、奶类产品需求的增加,草原生态系统的信息不足是导致畜群大量增加,引起草原加速退化的直接原因。由于这些原因普遍存在,草原退化成为世界各国最容易出现的和最普遍的现象,不仅亚洲、非洲和拉丁美洲的众多发展中国家草原退化很普遍也很严重,而且发达国家也普遍如此,只是程度上有所差别而已。

我国中央政府对保护草原十分重视,近年来在草原保护、建设和监理等方面取得了许多成绩。例如,截至 2003 年底,全国已落实草原承包面积 2 亿 hm^2,约占可利用面积的 70%;禁牧休牧的草原面积已超过 0.33 亿 hm^2。但是,草原退化面积仍在扩大,90% 以上的天然草原不同程度地退化,每年还以 0.02 亿 hm^2 的速度增加;草原超载过牧仍相当严重,北方草原平均超载 36% 以上(据 2004 年全国草原工作和草原监理工作会议报告)。我国西部地区 12 省区潜在或已沙漠化(风沙化)区域的草原面积达 0.733 亿 hm^2,风沙化面积达 0.619 亿 hm^2,占风沙区内草原面积的 84.47%,其中内蒙古和新疆的这一数字高达 94.61%。因此,沙漠化土地面积的增加主要是草原沙漠化的缘故。同时,西部潜在或已发生水土流失的区域面积为 0.997 亿 hm^2,占水土流失区面积的 87.52%,其中达到中度流失程度的占 87.52%,而这些地区基本上分布在草原地区。

退化草原的深层次表现是生态系统的基本结构和固有的功能被毁坏或丧失,生物多样性减少,稳定性和抗逆性减弱,生产力下降,草原成为受损生态系统。草原退化是相对于草原健康而言的,所以退化草原生态系统就是病态生态系统。受损的和病态的草原生态系统不可能提供完全的和有效的生态系统服务,并且随着受损和病态程度的增加,最后会完全丧失生态系统服务的能力。

2.2 关爱草原,享受草原生态系统服务

草原在世界上分布广泛,约占地球陆地面积的 40%,地球上的每一个大陆都分布有草原生态系统。世界上有 40 个国家的草地面积占国土面积的 50% 以上。非洲有 20 个国家的草地占国土面积的 70% 以上。北美洲、中美洲、东亚、南美洲、撒哈拉以南的非洲、大洋州的草地面积都占农业用地的 50% 以上,其中大洋洲就占 90%。世界上有 17%,即 9.38 亿人生活在各类草地上,他们以草地为生(联合国开发计划署 等,2002,见表 2-2)。

表 2-2　世界草地生态系统人口估计(联合国开发计划署 等,2002)

地区	人口/亿	地区	人口/亿
撒哈拉以南非洲地区	3.62	北美洲	0.09
亚洲(不包括中东)	2.81	南美洲	0.86
欧洲和俄罗斯	0.26	中东和北非	1.35
大洋洲	0.01	中美洲及加勒比地区	0.38

中国是草原资源大国,75%的草地分布在少数民族自治地区(中华人民共和国统计局,2002)。约有 1 880 万少数民族的人口生活在草原牧区或半牧区,蒙古、藏、哈萨克、柯尔克孜、裕固、塔吉克、鄂温克等民族世代以来以草原畜牧业为生。生态系统是地球活力的根本,如果地球失去生态系统,它将变得像美国航天航空局从火星上传回的景象一样荒凉,毫无生气。草原生态系统是全人类重要的财富和生命之源,没有什么可以代替草原的服务给人类带来的幸福。人类对草原生态系统的依赖日益增强,而不是减弱。过度的和不合理的利用,造成草原面积不断减少、退化、沙化和盐渍化,导致水土流失、土地沙漠化、沙尘暴、洪水泛滥、江河断流、生物多样性减少等生态灾难,给人类带来的危害和痛苦,又从反面证明了这一事实。但是,尽管已经证实草原对全世界和全国人民提供的生态系统服务——生态服务和产品服务是如此众多和如此重要,但草原仍没有得到人类足够的重视和应有的关爱。

生态系统服务的影响深远,远远超过系统本身的边界。健康的草原生态系统服务惠及全国和全世界人民;相反,破坏、损失草原自然资本殃及全国和全世界人民。了解草原生态系统的重要性、脆弱性和恢复能力,就能找到人与草原生态系统和谐相处并享受其服务的途径。因此,关爱草原,走可持续发展的道路,是全人类的共同愿望和责任。我国中央政府制定的加强草原生态环境保护和建设的一系列方针政策并大力贯彻实施,是为中华民族的安全、幸福和繁荣做出的正确的和重要的决策。

第3章　东北地区草原现状
及存在问题

　　东北草原区包括黑龙江、吉林、辽宁三省和内蒙古的东北部,面积约占全国草原总面积的 2%,覆盖在东北平原的中、北部及其周围的丘陵,以及大、小兴安岭和长白山山脉的山前台地上,三面环山,南面临海,呈"马蹄形",海拔为 130~1 000 m。本区地理位置是东经 118°~135°,北纬 39°~53°,行政区域包括黑龙江、吉林、辽宁三省和内蒙古东部的呼伦贝尔市、兴安盟、通辽市和赤峰市,按照中国草地资源分区,东北属于温带半湿润草甸草原和草甸区。

　　本区地处大陆性气候与海洋季风性气候的交错地带,受东亚季风影响,属于半干旱半湿润地区,冬长而干寒,夏短而湿润。雨量充沛,且多集中在夏季,年降水量东部为 750 mm,中部为 600 mm,西部大兴安岭东麓为 400 mm。热量与降水平行增长,与植物生长季节相同。土壤为黑土、栗钙土等。这里土地肥沃,地势平坦,景观开阔,植物种类多,野生牧草达 400 余种,优良牧草近百种,主要有羊草、无芒雀麦、披碱草、鹅观草、冰草、草木樨、花苜蓿、山野豌豆、五脉山黧豆、胡枝子等,亩产鲜草 300~400 kg,是中国最好的草原之一。所产东北马、三河牛驰名全国,绵羊多分布在平原草原地区。

3.1　东北地区草原现状

　　东北地区草原面积为 0.411 58 亿 hm²,其中可利用面积 0.349 72 亿 hm²,占该区土地面积的 21.3%,是该区的主要生态屏障,具有重要的生态、经济、社会功能。该区集中连片的大草原主要有呼伦贝尔草原,面积为 0.112 981 亿 hm²;科尔沁草原,面积为 0.042 3 亿 hm²;松嫩草原,面积为 0.098 58 亿 hm²。三大草原面积占东北地区草原总面积的 61.7%,是该区草原变化的晴雨表。东北草原 90% 左右存在不同程度的退化,优质牧草数量减少,生物多样性降低、质量下降,杂类草成为优势群种。科尔沁草原已成沙地,退化相当严重,松嫩草原也碱斑成片,保存相对好一点的呼伦贝尔大草原植被高度、盖度降低。草原面积大量减少,以呼伦贝尔草原为例,2008 年利用"3S"技术结合地面监测方法,测得草原面积为 0.099 51 亿 hm²,

比 20 世纪 80 年代第一次草原普查时面积减少了 0.013 47 亿 hm²，减少的主要原因为草原开垦及征占用。

3.2　东北地区草原存在的主要问题

1. 草原生态功能脆弱

东北草原降水量低，三大草原年降水量在 350～560 mm，蒸发能力是降水量的 2～5 倍，草原的土层瘠薄，大部分只有 20 cm 左右，20 cm 以下为盐碱、砂土、砂砾、黏壤土，千百年自然选择的结果是只适合根茎浅的草本植物生长，根茎深的木本植物无法扎根，所以草原生态功能一旦破坏，自我恢复能力相对薄弱，人工干预的空间小且成本高，不适当的人工治理可能会适得其反。21 世纪以来，国家对草原进行大的投入，包括资金、政策、技术等方方面面，但效果不是当初预测的那么显著，草原目前依然是生态的重灾区，沙尘暴依然发生，雾霾依然严重，且有愈演愈烈之势。破坏容易，想恢复重建不容易，所以草原需要重保护管理、重建设，合理利用。

2. 草原自然灾害频发

草原自身瘠薄、瘦弱、抵抗风险能力低。而草原自然灾害和生物灾害此起彼伏，对草原来说是雪上加霜。草原自然灾害包括旱灾、火灾、雪灾、风沙灾害。草原灾害常常是连锁反应，祸不单行，旱灾发生时往往火灾也容易发生，干旱年份还容易发生如鼠虫、病害等生物灾害。草原生物灾害包括鼠害、虫害、病害、毒害草等。草原灾害一旦形成，对草原就是灭顶之灾，生态破坏，生灵涂炭。

3. 草原资源底数不清

天然草地减少已经是不争的事实，由于 20 世纪八九十年代粮食短缺及价格高涨，导致大量开垦草原种粮，开垦的大多是优质草原，这是草原减少的主要原因。另外，矿区开采及道路征占也是草原减少的原因之一。我国草原面积占国土面积的 41.7%，是农田面积的 3 倍，草原资源在国民经济发展中具有举足轻重的作用。自 20 世纪 80 年代以来，全国从未进行过草原资源普查，不清楚草原资源减少的数量，导致草原资源底数不清。这直接给国家决策草原方面的大政方针造成影响，导致决策不科学，不符合实际，甚至做出错误的决策。

4. 草原执法力度薄弱

《中华人民共和国草原法》于 2003 年重新修订后颁布实施，该法对草原权属、规划、建设、利用、保护、监督检查、法律责任 7 个方面进行了全面和详尽的规定,堪称是一部完备的法律。如果法律得到切实有效的执行,那么我国草原生态、经济、社会等各项功能必将得到很好的恢复,但事实是该法颁布13年来,草原私开乱垦、偷牧、过牧、采矿、挖掘等行为依然存在,草原各项功能依然脆弱。法律有尊严地执行才是法律被尊重的表现,否则法律就是一纸空文。《草原法》明确规定,县级以上地方人民政府草原行政主管部门主管本行政区域内草原监督管理工作。草原执法主体多在基层,而基层草原监理机构都是隶属草原行政主管部门的事业单位,这种事业性质的机构,由于其自身的体系手段、条件运行机制以及其社会地位影响力等在我国现有的体制下,都远不能独立担当起草原执法的全部职责,其工作人员的执法身份往往遭到质疑,在实际执法过程当中遭遇很多尴尬。下面聘请的草原监督管理员更是没有任何权限,遇有实际案件的时候有时不但不能控制局面还往往与违法行为人发生冲突,造成事态的恶化。

5. 草原政策落实难

自2000年以来,国家出台了一系列关于草原保护建设的大政方针,包括退牧还草政策、草原生态保护补助奖励机制等有关政策,草原牧区得到极大关注。但是这样惠及整个草原及牧区的利好政策,对半农半牧区而言,执行起来却非常难,达不到保生态、惠民生的目的。以草原生态保护补助奖励机制政策为例,主要是针对大牧区制定的政策,对东北三省这样半农半牧区来说,落实起来非常难,表现在:一是东北绝大部分草原都属国有,草地的调配权仍在各级政府手中,而大牧区的草原基本是集体经济组织所有;二是牧区的草原和东北农区的耕地一样是牧民的主要生产生活资料,而东北草原并非当地农牧民生产生活主要的生产资料,相对耕地而言草原面积的有无或多与少对生产和生活的影响不是很大;三是牧区的草原基本是无偿承包给牧民的,而东北多数可利用草地已经通过竞价方式承包经营,尽管承包方式各异,但都具有承包合同的合法或相对合法性;上述差别给我们开展奖补工作增加了难度;四是半农半牧区的草原面积小,如果像农田那样的承包,每个牧民有份,不利于经营,因为草原面积小,产生的效益小,导致草原虽然承包出去,但因为经营管理成本高,基本上还是处于无主状态,所以东北半农半牧区草原更适合集约化经营。

6. 草原规划实施难

国家每隔五年制定一个发展规划,如果每个规划都不折不扣地落实,那么国家的生态环境早已得到改善,经济发展早已腾飞。这就说明规划在实施中有一定的难度,就应该在规划中进行调整,使各项规划在实施中既切合实际又能得到有效的执行。

第4章 青海高寒草地生态系统的评价和功能失调原因

　　青藏高原位于我国西南部,总面积为 0.025 亿 km^2,平均海拔 4 000～
5 000 m,是中国最大、海拔最高的高原,也是世界上海拔最高、面积最大的
独特的生态系统类型,又是黄河、长江等河流的发源地,是北半球气候的启
动区和调节区,其环境效应关系广泛,有"世界屋脊"和"第三极"之称。青藏
高原的天然草地面积约占全国草地面积的1/3,是我国天然草地分布面积
最大的一个区。高寒草地是青藏高原的主体生态系统,是高寒生态系统物
种及遗传基因最丰富和最集中的地区之一,在全球高寒生物多样性保护中
具有十分重要的地位。然而近年来,在气候变化与人为干扰等因素的驱动
下,青藏高原高寒草地生物多样性急剧减少,濒危植物数量不断增加,亟须
加强青藏高原高寒草地植物多样性的保护研究。因此,对青海高寒草甸生
态系统的深刻认识、综合治理和科学保护变得极为重要和迫切。

　　高原草地是我国重要的生态保护区,对于我国各大河流域的经济发展
有着非常重要的影响。该地区处于海拔较高的寒冷地区,生态极其脆弱,一
旦遭到破坏便很难恢复,将会严重影响该地区的生态环境及经济的发展。
然而,事实却不遂人愿,随着草地畜牧业的不断发展,人们长期对于草地不
合理利用,使得该地区出现草地大面积的沙化、鼠害甚至退化,阻碍了该地
区畜牧业的发展,从而对该地区生态安全构成威胁。对高寒草原类草地退
化现状进行分析并找到措施,对该地区的合理利用、环境的保护及促进该地
区经济的发展具有深远影响。青藏高原高寒草地退化原因的破解,对于深
度保护和改善这一重要生态系统更是意义重大。

4.1　高寒草地生态系统评价

4.1.1　系统的生态环境

　　青海省位于青藏高原的东北部,约占青藏高原总面积的1/3,地理坐标

为东经 89°35′~103°04′,北纬 31°39′~ 39°19′。境内地势高峻,海拔在
3 000 m 以上的地区占 80%以上,几条主要的山系均在 4 000~6 000 m,
构成了上千千米东西走向的长廊,山脉之间有复杂多样的地貌。全省除
东部河湟谷地和柴达木盆地有少量种植业外,其余地区皆经营畜牧业,是
我国重要的畜牧业基地之一。按照全国气候区划分,青海草地处于青藏
高寒区的 3 个气候带,主体是高原亚寒带,其次是高原温带和高原寒带,
与气候带对应的草地分别是高寒草甸草地类、高寒草原草地类和高寒荒
漠草地类。气候特点是温度低、温差大、降水少、日照长、风大、沙尘暴多,冷
季长而干寒、暖季短而凉爽。年均温 1.37℃,不小于 0℃积温为 1
771.68℃;年均降水量为 365.7mm,集中在 6~8 月份,水热同步,有利于
草地动、植物的生长繁衍;年均日照时间 2 770.43 h,日照百分率为
63.25%;大风、沙尘暴多分布在春季的 2~4 月份,各地长短不一,大风一
般为 28~104 天,沙尘暴为 13~19 天。

青海土壤种类较多,有 22 个土类、53 个亚类、161 个土种。主要土种由
高低低分别为高山寒漠土、高山草甸土、山地草甸土、高山草原土、栗钙土、
黑钙土等。在生产上起决定作用的是高山草甸土和山地草甸土,约占天然
草地的 70%。其他是栗钙土和黑钙土,占天然草地和饲料地的 20%左右
(表 4-1)。

表 4-1 主要土壤类型及垂直分布

土壤类	面积/%	海拔/m	植被状况	利用价值
高山寒漠土	5~10	4 000~5 500	地衣、垫状植物	很少放牧
高山草甸土	25~35	3 300~4 000	牧草丰美,盖度 50%~80%	暖季牧地
山地草甸土	25~30	3 000~3 500	牧草丰美,盖度 40%~90%	冷季及过渡牧地
栗钙土	10~15	2 500~3 400	牧草良好,盖度 60%~80%	冷季牧地、饲料地
黑钙土	5~10	600~2 500	牧草良好,盖度 60%~80%	冷季牧地、饲料地

4.1.2 系统的植被

根据草地资源调查结果,青海省的草地共划分为 9 个草地类(7 个亚
类),28 个草地组,173 个草地型。以草甸草地类为主体,占草地总面积的
68.22%;其次是干草原草地类,占草地总面积的 23.43% ;此外还有
7.34%的荒漠草地类和 0.79%的附带草地类(表 4-2)。

表 4-2　青海省草地类型状况

草地类名称	面积/万 hm²	相对比例/%	本植物盖度/%	鲜草产量/(kg/hm²)
高寒草甸	2 366.16	64.92	60～95	2 955.30
山地草甸	11.82	0.32	30～90	3 041.85
平原草甸	108.61	2.98	30～60	2 276.55
高寒干草原	582.01	15.97	40～50	2 426.55
山地干草原	272.08	7.46	20～70	1 321.95
高寒荒漠	52.55	1.44	15～50	592.95
山地荒漠	118.86	3.26	15～60	926.55
平原荒漠	96.27	2.64	15～30	1 676.25
附带草地	28.63	0.99	40～90	3 232.65
人工草地	7.96	0.22	85～95	11 250.00

青海省常见的牧草有 79 科 398 属 1 491 种,重要牧草有 16 科 72 属 285 种。按各种牧草在草地植被群落中的多度、盖度、生长量、适口性、营养成分以及对动物生产的作用综合评价,可分为六大经济类群,依次为禾本科、莎草科、菊科、豆科、藜科、杂类草。青海草地牧草的能量 90%～95% 来源于太阳能,经多年测量计算,全省每年平均产鲜牧草 941 亿 kg,即每年可提供可消化蛋白 17.1 亿 kg,无氮浸出物、脂肪等其他可消化营养物质 137 亿 kg。

4.1.3　系统评价

青海草地资源极为丰富,草地总面积为 0.364 5 亿 hm²,以高寒草甸为主体的草甸草地类和高寒草原类占草地总面积的 84.19%,其特点是植被盖度大、牧草呈垫状、再生能力强、耐牧性好、营养丰富,具有三高(粗蛋白、粗脂肪、无氮浸出物)一低(粗纤维)的优点。高寒草地生态系统氮、水、气等物质循环流畅,能量转换效率较高、结构合理、功能健全。植物性生产为动物性生产和动物多样性提供了良好的物质基础。在自然状态和利用科学、保护得力的前提下,具有自身修复和更新的能力。

但是,高寒草地生态系统居于种植业、养殖业交错和绿洲荒漠交错区,系统具有很强的敏感性和脆弱性,长期处于多种生态成分激烈竞争的动态过程中。因此,任何自然或人为的不良外力干扰,都会造成系统的失调和恶性循环。

4.2 系统功能失调的主要原因

4.2.1 气候变暖,降水量减少

受全球气候变暖和干旱程度加剧的影响,青海高寒草地生态系统也发生了明显的变化。据有关气象资料分析,青海省 1976—1998 年年平均气温线性变率为 0.15℃/10 年,高于全球气温的增幅(0.03～0.06℃/10 年)。变化剧烈的青海湖环湖地区平均气温变率高达 0.46℃/10 年,气温增幅更高,成为全球增温显著的地区之一。20 世纪 80 年代以后,全省牧草生长季的降水量明显减少,特别是 7～9 月份,秋季降水量减幅为 1.83 mm/年。同期,青海湖区降水减幅为 7.28 mm/年,青南年降水量虽较稳定,但夏季 4～6 月份以每 10 年 6.5 mm 的速度递减,总的趋势是牧草生长季降水量的减少和旱化的加剧,不仅降低了牧草的生长量,且枯草期明显提前到来,缩短了青草期。

此外,草原区一些季节性的河流、湖泊、湿地或断流或干涸或缩小。以闻名于世的青海湖为例,1959 年湖水水位为 3 196.55 m,1998 年只有 3 193.16 m,40 年内水位下降了 3.39 m,每年平均下降 8.5 cm。

4.2.2 超载过牧

青海省草地当前实际载畜量为 4 671.13 万个羊单位(含经济野生食草动物 112.65 万个羊单位)。草地牧草、人工饲草及作物秸秆的理论载牧量是 3 752 万个羊单位,超载 919.33 万个羊单位,超载率为 24.50%。由于各地载畜差异较大,局部地区超载更为突出,尤其是东部黄土高原的草原草甸区,超载 220 万个羊单位,超载幅度达 71.38%,导致严重的草地退化和水土流失。其次是环湖山地、盆地草甸—草原区,超载 300 万个羊单位,超载幅度达 42.7%,造成了 173.3 万 hm² 的草地退化,每年牧草减产达 30 亿 kg。超载过牧的直接后果是牧地日益紧张,牧草植株日益变矮,优良牧草减少,毒杂草大量增生,草地的水土流失和沙化面积的蔓延加速。

4.2.3 非法开垦草地,滥挖乱采

20 世纪 50 年代末,青海省在短短的 2 年内盲目开垦草地约 500 万 hm²,部分草地因不具备农作物生长的水、热条件而告失败,这些弃耕地的植被经

过半个世纪的自然修复和人工建设,局部地区仍未得到全面恢复。20 世纪 90 年代,由于经济利益的驱动,一些地区又掀起了开垦草地、种植油菜的风潮,仅青海湖周围的 3 县 16 乡、20 个农场就开垦草地多达 2.65 万 hm^2。由于植被的破坏,冬春大风季节大量表土被风刮走,形成扬尘天气,甚至是沙尘暴,加剧了湖区沙漠化的进程。据统计,湖区沙漠面积已逾 1 000 km^2,相当于 1956 年沙化面积的 2.21 倍。每年挖药材和淘金季节,省内外民工成群结队涌向草原和河流两岸大肆挖掘,使植被和表土伤痕累累,伐樵者更甚,不分季节砍伐灌木和小型乔木,造成了严重的水土流失。

4.2.4　鼠、虫、毒草危害严重

青海草地鼠害由 2 目 8 科 60 种(含亚种)组成,危害严重的主要是鼠兔科、仓鼠科的鼢鼠亚科和田鼠亚科。据 1998—2000 年调查,全省鼠兔危害面积为 613 万 hm^2,鼢鼠危害面积为 110 万 hm^2,田鼠危害面积为 14 万 hm^2,合计鼠灾面积为 737 万 hm^2,年损失鲜牧草 108.49 亿 kg。害鼠除采食牧草外,终年打洞造穴,使草地千疮百孔,引起严重的水土养分的流失、洞道塌陷、植被破坏,以至成为次生裸地和寸草不生的"黑土滩"。青海草地害虫主要是草地蝗虫(90 种及亚种)和草原毛虫(4 种)。危害面积蝗虫为 35 万～40 万 hm^2,毛虫为 60 万～70 万 hm^2,虫灾每年损失鲜牧草 17 亿～20 亿 kg。毒草主要是豆科的棘豆(*Oxytropis sp.*)、瑞香科的狼毒(*Stellera chamaejasme Linn.*)、禾本科的醉马草(*Achnatherum inebrians*)、菊科的囊吾(*Ligularia sp.*)、毛茛科的乌头(*Aconitum carmichaeli*)和唐松草(*Thalictrum aquilegifolium*)等,危害面积为 307 万 hm^2,它们不仅与草地优良牧草争夺阳光、水分、养料和空间,而且常使家畜误食中毒致残、致死,造成严重的经济损失。

由于草地养用失调以及鼠、虫、毒草的危害,导致了植被的逆向演替和牧草的质量劣化。据统计,目前青海省有重度退化草地 330 万 hm^2、中度退化草地 515 万 hm^2、轻度退化草地 740 万 hm^2,占草地总面积的 43.48%。

所幸的是,中国科学院西北高原生物研究所赵新全研究员作为第一完成人的"三江源区草地生态恢复及可持续管理技术创新和应用"成果获国家科学技术进步奖二等奖。该项目瞄准青藏高原三江源地区生态安全的国家战略需求,针对区域植被退化严重、生态治理技术薄弱和生态牧畜业发展滞后的现状,以生态系统可持续发展为前提,以植被恢复为主线,以生态-生产-生活系统集成为核心内容,科学认知了气候变化及人类活动对草地生态系统的影响及其响应,系统研发和集成了退化草地生态恢复重建技术,创建了兼顾生态保护和生产发展的管理新范式,是国家重视生态建设的有力体现。

　　同时,中国三江源国家公园的建立,对于整个国家,不仅是"五位一体"总体布局,"绿水青山就是金山银山"的可持续发展战略的重要举措,同时也是一种精神上的象征:自然的纯净、和谐、优美,是心灵的向往,是人的内心所葆有的理想。三江源国家公园是中国的第一个国家公园,任重而道远。在"人与自然和谐共生的现代化"方针指引下,一定会更有效地统筹管理、更好地保护生态环境,并跻身世界最美国家公园的行列。

　　尤其是进入"十三五"后,中国科学院 STS 项目"三江源国家公园生物多样性保护及生态系统适应性管理技术及模式"、青海省重大科技专项"三江源国家公园星空地一体化生态监测及数据平台建设和开发应用"、冬季野生动物和草地资源调查等一系列重大项目的立项与实施,将取得众多可喜的科研成果,为生态文明建设提供有力的科技支撑。

　　人与自然是生命共同体,人类必须尊重自然、顺应自然、保护自然。圈定、保护原生态的自然,是为造福后代和未来;国家公园是一个国家自豪的象征。习近平同志在十九大报告中指出,加快生态文明体制改革,建设美丽中国。生态学家们面临着新的机遇和挑战,使命光荣!

第5章　草地资源管理的参考原则

　　草地资源的监测与管理问题,随着环境问题的日益突出,为社会各界人士所关注。管理的方法是各式各样的,因地而异,因时而异,难以一一备述。近来见到有些草原管理的议论,多有见地,但也有些议论背离草原管理原则,可能导致资源管理失误,引发生态失调和经济损失。任继周院士和侯扶江(2004)根据长期草业科学的研究,提出有关草原管理的原则,以供有关方面参考。

5.1　维持草地生态系统持续生存的原则

　　生态系统是有生命的,任何生命的维持,都要保持代谢功能的正常运行。这就是说不仅它们的能量输入与输出需保持相对平衡,还要保持它的物质、能量交换的稳定程序,我们统称为生态系统的"序"。它主要指能量与物质被生态系统纳入系统内部和输出系统外部的流程结构与通量。

　　如果把生态系统的能、物流程打乱,甚至割断,就会影响其健康和生存。举几个常见的例子。譬如,剧毒灭鼠,鼠类被灭杀后,其天敌也因取食中毒的鼠类而二次(间接)中毒,而鼠类繁殖速度远胜于天敌,留存的啮齿类动物反而得到大量繁殖的环境。又如,一块割草地,连续割草3年而不施肥,则土壤中的养分损失过多,打乱了草地本身养分的平衡规律,必然衰败。草地与放牧家畜,是自然界形成的矛盾的双方,草地要适度地放牧以维持其高产稳产和良好的结构,家畜也要通过放牧才能维持其健康和生产水平,但放牧过重和过轻,甚至完全不放牧,对草地和家畜两者都没有好处。

5.2　遵循生态生产力的原则

　　生态生产力就是在不破坏草地生态系统的健康状态下所表现的生产水平,也只有符合生态生产力的原则,生态系统才能持续生产。

5.2.1 生态生产力的品格内涵

生态生产力具有3种品格内涵。

(1)向社会系统输入有用的产品并接受来自系统以外的(自然的、社会的)投入。

(2)消纳整合系统本身和系统外部输入的废弃物。

(3)直接向人类社会提供广泛的可以货币化或难以货币化的环境福利,如清洁的空气、水源及优美景观等。

3种品格经常联系出现是任何生态系统本质所决定的。因此,在生产层面很难区分哪些是生态效益,哪些是生产效益。两者总是形影相随。

5.2.2 生态健康的表现

伴随生态生产力的特征,生态健康也有3种表现。

(1)保持生态系统本身特征的基本结构,或使其不断完善。

(2)保持生态系统本身的基本功能,或使其不断提高。

(3)生态系统所处的环境因子与生态系统保持稳定和谐的趋势。

在认识生态生产力以前,我们曾经付出了高昂代价。在漫长的历史过程中,由于人们的无知和贫困,对于自然资源,尤其是土地资源,开发和使用失度。像中国这样的古老农业国家,损失更为惨重。

5.3 顶级群落与前顶级群落相结合的原则

在自然状态下,任何生态系统都有其特殊的结构、功能和与之相适应的生产力。因为生态系统处于不断变化之中,它的生产力也随之起伏。从本质上讲,这种变化取决于系统中能的动态。

在一定温度条件下,当系统的总能(E)生产较多而熵(S)少时,自由能(F)增大,$F = E - TS$,其中 T 为绝对温度。自由能的积累,使系统进入非平衡态。自由能积累到一定程度,就成为不稳定的势能。它需要寻找出路,或通过信息反馈,使系统降低自由能的积累,这时生态系统呈现功能萎缩。

在自然生态系统中,功能萎缩是一种自我调节,它使生态系统遵循最经济原则,维持自我存活。通过萎缩过程的渐进,可能达到总能的产生与熵接近平衡。这就是我们通常所认识的系统的"顶级"状态。这时自由能的积累趋近于"0",作为自由能的异化物,生态系统的"产品",当然也就无从谈起。

系统的顶级状态,由于它的消耗最少,最为稳定,对于那些自然生态系统来说,维持系统的顶级状态无疑是必要的。至于农业生产系统,则应依据农业生态生产力的原则,对生产资料、劳动力与生产环境进行优化组合,合理运转,在保持生态系统健康的前提下,提高生态系统自由能的积累和产品输出能力。

保持草地生态系统的前顶级状态,是保持生态系统健康、提高生产水平的有效手段。具体办法如下:

(1)保持生态系统的非成熟阶段作为有生命的生态系统,当它达到成熟阶段的"顶级"以前,具有较强的生活力。达到"顶级"以后,生活力锐减。因为具有非成熟特征的生态系统,其系统内具有不饱和性,它的各个组分之间(包括子系统之间)具有较多的外接键能,也就是有更大的开放性。这使它们具有不可遏制的活力,因而可以产生较多的自由能和它的异化物产品。这是在提高生产水平的措施中,我们所常用的优化方法,使系统内各个组分(子系统)之间保持较强的外接键能,以增加其不饱和性,来加重系统的非成熟阶段,保持系统内部各个组分对另外组分的依赖性和互补性,也就是增加其开放性。草食动物对植物性产品的消耗是保持植被非成熟阶段的常用措施。

(2)保持生态系统中若干组分的非成熟状态生物具有趋向成熟的内在动力。这种非成熟阶段较强的生活力,正是我们可以用来提高生态系统功能强度的手段。这一点,草本植物表现得最清楚,给草丛以适当的刈割或放牧,不仅可以成倍提高草本植物生物量,还有助于植被成分的稳定和健康。同样的原理,也适用于灌丛和林地的更新。在植物生产中,除了以收获子实为目的的作物必须促其成熟以外,为了得到较高的生产水平,都应保持其非成熟状态,以达到提高农业生产水平的目的。

对于如此广泛存在的、适于非成熟状态利用的植被,是植物生产的重要组成部分。对于非成熟状态的植物,只有草食动物才能充分利用。因此可以认为,草食动物不仅是保持整体系统非成熟阶段的重要手段,而它本身也是创建生态系统生产力的组成部分。

5.4　系统耦合的原则

2 个或 2 个以上性质相近似的生态系统具有互相亲和的趋势。当条件成熟时,它们可以结合为一个新的、高一级的结构功能体,这就是系统耦合。

系统耦合可将催化潜势、位差潜势、稳定潜势和管理潜势解放而提高生产水平。

(1)催化潜势在农业生态系统中,最常用而未被充分认识的催化手段就是在生态系统的适当环节上,以生产资料的形式投入能量或元素,如耕作、灌溉、施肥、施药等各种农业措施,这是正向催化。也可以农产品收获的方式取走能量和元素,以减少自由能的积累,是为负向催化。催化保持农业生态系统中能量、元素有序而畅通地定向流动,从而获得较多的产品。而草地资源生态系统耦合过程中,既有系统间的正向催化作用,又有负向催化作用,尤应特别强调这两种催化作用同时发生于耦合系统内部,其生产力的提高是显而易见的。

(2)位差潜势两个系统之间因自由能积累量的不同,形成势能位差。位差即潜势。中国东南部为农耕区,西北部为畜牧区,在两区交会的边缘,从西南到东北划一条斜线,在沿线地带,历史上曾分布着一系列"茶马市场"。这就是农耕系统与畜牧系统这两个生态系统之间位差势能异化为商品经济的反映。这种位差潜势,往往表现为市场价格之差。这是农产品商品化过程中不同生态系统间能量位差的异化。

(3)稳定潜势系统耦合增加了系统的多样性,多样性系数较高的系统,在一定范围内,具有更好的弹性,因而耦合农业系统具有更大的抗逆性,总体功能趋向稳定。

(4)管理潜势在草地农业生态系统中,不同的生产层之间和不同地区之间具有系统耦合的潜在势能。因为系统耦合,是在原有系统之上,把它所用以构建的低层系统加以综合(任何综合都有简化的内涵)而产生的高一级系统,这就形成等级系统。施行管理简化而管理力度增加的分级管理,为现代化的生产所必需。

草地农业系统含有 4 个生产层:前植物生产层指风景、旅游、绿地、水土保持等,不以收获植物或动物产品为目的,以"景观资源"表现其生产意义。植物生产层以收获植物营养体、子实、纤维、脂肪、分泌物等为目的,以植物资源表现其生产意义。动物生产层以收获动物、动物产品为目的,以动物资源表现其生产意义。后生物生产层是植物、动物产品的加工和流通。草地生态系统的任何 2 个或 2 个以上的生产层都有可能进行系统耦合,达到持久、稳产、丰产的目的。理论证明,只要把植物生产层与动物生产层这两个系统加以初步耦合,就可以 10 倍地提高生产水平。如再把前植物生产层与外生物生产层加以耦合,其生产潜势还会有长足的增长。

5.5　克服系统相悖的原则

2 个或 2 个以上的系统,在进行系统耦合时,所发生的系统性的不协调称为系统相悖(任继周 等,1994)。它们成为系列的"相悖群"。系统相悖往往造成重大而持久的损失。我们通常所说的草原退化,实质就是系统相悖的结果。系统相悖的克服蕴藏着巨大潜力。我国北方草原畜牧业问题丛生,牵连甚广,涉及复杂的自然环境、社会经济、管理体制等众多方面。由前植物生产层、后生物生产层所形成的系统相悖也有所存在,但目前还没有形成主流。从理论上看,似可主要地归结为动物生产系统与植物生产系统之间的系统相悖。

动物生产与植物生产各有自己的节律。亦即从发生学的层次来说,动物生产是以植物生产为依据的,植物生产又是以环境因素为依据的。环境是初始因素,在一定环境基础上,发生与之相关的植物生产系统,在植物生产系统前提下,发生与之相适应的动物生产系统。但草原生产作为农业生产系统的一部分,受到人为干预,在大多数情况下,或轻或重地违背了这一系列植物生产系统与动物生产系统之间的发生学原理,导致了相悖现象,造成难以估计的恶果,加重了这一生态脆弱地带的生态危机。

5.6　草地资源开发与景观匹配的原则

作为草地资源的综合体现,草地资源本质的研究和开发利用,景观要素有不容忽视的意义。重要草地资源由景观缀块组成。景观缀块可大可小,它具备草地农业系统的基本要素,土壤和地貌是土地经营的要素,植被是初级生产要素,动物区系是次级生产要素,社会应属于前植物生产层要素和后生物生产层要素。能量(或它的异化物有机体及其产品)通过自然的或人为的多种途径,越过或扩散出景观缀块的边界,把不同的景观缀块联系起来,构成了景观的多样性。动物有机体(能量或它的异化物)与景观缀块的关系是

$$p(x_1,x_2)at = \Phi(v_j,h_j) + \Phi(r_i, pa_i, d_i, s_i, pr_i)$$

式中,$p(x_1,x_2)$ 是物质在 t 时间从 x_1 点到 x_2 点移动的概率,v_j、h_j 是 j 景观缀块中动物的异质性,r_i 是 i 种动物移动率,pa_i 是移动路线,d_i 是单位面积上动物个体密度,s_i 是社会干扰,pr_i 是动物对于环境的喜好性。

这一关系式略加改变,也可以用来描述不同景观缀块之间的能量交换:

$$p(x_1, x_2)at = \Phi(v_j, h_j) + \Phi(r_i, pa_i, d_i, s_i, pr_i, e_i)$$

式中,e_i 是每一个生物有机体所携带的能量。

这种生物个体及其能量的交换,正是草业生产本质之所在。特别为草食家畜生存所必需,因为每一种动物,除了有它自己的基本生态位外,还有生态位宽度的要求。而且多数草食家畜和野生动物都需要不止一个生态元素来满足它的生存。根据优化采食过程(Optimal Foraging Process, OFP)和投入效益率(Cost-benefit Ratio)的原理,动物总是以最经济的方式,于不同的时间,在不同的景观缀块内,利用某些生态元素,获得食物和生存地。景观缀块的多样性,正好符合动物对于景观缀块要求的多样性,在景观与动物之间实质上存在着景观-动物匹配系列。这就为我们前面论述的系统相悖提供了克服手段,也使系统耦合更趋完善。

遗憾的是我们往往对景观异质性的原理认识不足,忽视了景观-草地资源开发的匹配原则,在草地规划和生产安排时,系统相悖往往普遍而长期存在,造成严重失误。

5.7 结论

中国是草地资源大国,有草地 3.93 亿 hm²,占国土 41%,面积为耕地的3.7 倍,动植物资源丰富,生产潜力巨大。

草地由于它本身自然条件的严酷,加之人口压力和系统管理失误,普遍处于生态危机之中。土地规划利用和植物生产层与动物生产层之间的系统相悖是其主要问题。其出路在于实行以大农业为指导思想的草地农业(也称有畜农业或动物农业)系统。达到上述目的,草地资源管理需遵循几项原则:持续生产与生态生产力的原则;顶级群落与前顶级群落相结合的原则;系统耦合的原则;克服系统相悖的原则;草地资源开发与景观匹配原则。

第6章　常见的害鼠种类

　　草地作为一个完整的生态系统,有其独特的发生、发展和演变规律。在人类开发利用和干预之前,草地主要是在自然因素、生物因素和本身的矛盾运动中,稳定、缓慢地发展变化。人类的开发利用,大大地加速了草地的变化过程。尤其是近代迅速兴起的农业、畜牧业、采矿业以及人口的急剧膨胀,对草地的影响更加强烈。人类活动导致草地生态系统的逆向演替——草地退化。草地退化是草地生态系统逆行演替的一种过程,从本质上讲就是草地生态系统中能量与物质的输入与输出之间失调,系统的平衡与稳定遭到破坏,引起产量下降,草群变矮、变稀,草群种类成分发生改变,饲用价值变劣,生境条件恶化。

　　草地退化的原因多种多样。人类活动和自然因素交互作用加速了草地的退化进程。鼠害是草地退化的主要自然因素之一,鼠害程度高可以导致严重的生物灾害。近年来,草地鼠害累计发生 2 亿 hm²,成灾面积共 1.3 亿 hm²。鼠害发生最严重的是青海、西藏、内蒙古、甘肃、四川、新疆 6 省(自治区),危害面积约 0.34 亿 hm²,严重危害面积 0.19 亿 hm²,分别占全国鼠害危害面积和严重危害面积的 87% 和 88%。

　　根据近 10 年(2008—2015)农业部发布的《全国草原监测报告》可知,鼠害危害的面积虽有减少但依然很大,由 2008 年的 0.39 亿 hm² 减少到 2015 年的 0.29 亿 hm²;占全国草原总面积的比例,由 2008 年的 11.8% 下降至 2015 年的 7.4%。这表明:第一,鼠害多年在草原地区仍处于高发状态,即在 10% 左右的草原上都可见不同程度的鼠害现象;第二,草原鼠害的发生面积与比例在逐年下降,这与国家及地方政府近几十年不断加大对鼠害治理的持续投入有关。控制鼠害是草原管理的重要方面,特别是在一些鼠害严重危害的地区尤为关键。因为生态系统中的生物灾害发生(鼠害、虫害、病害等),常常因其规模大而产生正反馈效应(Positive Feedback Effect),即大面积、连片方式的鼠害扩展迅速而控制难度大,是导致草地退化的重要因素。

　　目前被广泛接受的假设是:啮齿动物的种群暴发会剧烈减少草地生物量,严重影响系统的抵抗性(Resistance)和恢复力(Resilience),导致草地生态系统的退化演替。在青藏高原的生物灾害中,鼠害问题极其严重,其危害面积相较于虫害危害面积(约 100 万 hm²)更为严峻。根据青海省草原总站的统计数据(2001—2015 年)显示,鼠害发生面积与危害程度均大大超过虫害。而且青海省近 15 年间鼠害的发生面积基本处于 700 万~1 000 万 hm²,其危害面积大致为发生面积的 2/3;尤其在 2006 年,鼠害危害面积接近发生面积,近 1 000 万 hm²。因此,对害鼠的种类、发生规律以及种群生态学研究就变得非常有意义,可以为草地管理和草地生态系统健康提供科学指导。

啮齿动物的种群暴发,即鼠害对于草地系统的影响有多个方面,是草地生态系统扰动的重要影响因素。然而,有啮齿动物存在的地区未必就发生鼠害,值得注意的是,何种程度的种群数量可以算作种群暴发仍有争议,这是因为人为划定的标准都有很大的局限性。其一,有威胁的种群数量一般都是通过调查分析不同程度退化草地状况与啮齿动物种群密度的相关性推导出的,准确度受限于调查精度和地区差异;其二,种群的波动存在历史变化,只有在长期种群处于高峰值时才可能发生种群暴发;其三,种群动态的变异及草地系统的稳定性,不仅取决于动物自身种群水平及植被生产力状况,也受历史气候条件、捕食者群落动态等因素的影响,因而在缺乏长期系统有效的啮齿动物种群及生态系统监测数据的情况下,很难准确划定鼠害发生的种群阈值及其成因。另外,当前人们对生态系统及其环境承载力的认识也仍旧不足,农业及放牧地不同于传统的生态系统,由于人为活动的介入,必然涉及各系统参数之间的权衡(如生产力、稳定性、抵抗力及均衡性),若过度生产则会导致失衡,并进而发生生物灾害。正是以上诸多科学问题没有解决,迄今合理且有效的啮齿动物种群控制仍难以实现。

无论如何,对害鼠科学而全面的认识依然是鼠害治理的重要依据。据调查,内蒙古地区有各种鼠类 40 种,青海省草地害鼠约有 30 种,其他地区的害鼠数量不等。危害严重的鼠种主要有达乌尔黄鼠(*Citellus dauricus*)、草原鼢鼠(*Myospalax aspalax*)、达乌尔鼠兔(*Ochotona dauurica*)、布氏田鼠(*Lasiopodomys brandtii*)、长爪沙鼠(*Meriones unguiculatus*)、高原鼠兔(*O. curzoniae*)、棕背鼠(*Myodes rufocanus*)、褐家鼠(*Rattus norvegicus*)、子午沙鼠(*Meriones meridianus*)、大仓鼠(*Tscherskia triton*)、朝鲜姬鼠(*Apodemus peninsulae*)、黑线毛足鼠(*Phodopus campbelli*)、甘肃鼢鼠(*Myospalax cansus*)、黑线姬鼠(*Apodemus agrarius*)、金黄地鼠(*Mesocricetus amatus*)、灰仓鼠(*Cricetulus migratorius*)、棕色田鼠(*L. mandarinus*)、根田鼠(*L. oeconomus*)、喜马拉雅旱獭(*Marmota himalayana*)、灰尾兔(*Lepus oiostolus*)、大耳鼠兔(*O. macrotis*)、柯氏鼠兔(*O. Koslowi*)、高原鼢鼠(*M. bailey*)、中华鼢鼠(*M. fontanieri*)、西藏鼠兔

(*O. thibetana*)等。主要是兔形目(Lagomorpha)和啮齿目(Rodentia)两个目,涉及鼠兔科(Ochotonidae)、兔科(Leporidae)、鼢鼠科(Spalacidae)、仓鼠科(Cricetidae)、鼠科(Muridae)、姬鼠科以及跳鼠科(Dipodiadae)等。

6.1 啮齿目害鼠的基本生物学知识

6.1.1 达乌尔黄鼠

拉丁学名:*Citellus dauricus*。

别称:蒙古黄鼠、草原黄鼠、大眼贼、豆鼠子、禾鼠等。

界:动物界。

门:脊索动物门。

纲:哺乳纲。

目:啮齿目。

科:松鼠科。

属:黄鼠属。

种:黄鼠。

分布区域:东北、山西、内蒙古、陕西、甘肃、青海、河北、河南等省区。

1. 外形特征

(1)外形。形状类似大鼠,黄色而短脚,善跑(图 6-1)。属小型地栖松鼠类一种,体长119~250 mm,体重 212~443 g,尾长为体长的1/5~1/3。眼大而圆,故名"大眼贼"。耳壳退化,短小脊状。颈、四肢、尾短,约为身长的1/3。雌体有乳头 5 对。颅骨椭圆形,吻端略尖,眶上峪基部的前端有缺口,无人字嵴。

图 6-1 达乌尔黄鼠

（2）毛色。爪黑色、强壮。背毛深黄色,杂有黑褐色毛,腹部、体侧及前肢外侧为沙黄色。尾末端间有黑白色环。颌部为白色,眼眶四周具白圈。颈、腹部为浅白色。后肢外侧如背毛。尾与背毛相同,尾短有不发达的毛束,末端毛有黑白色的环。四肢、足背面为沙黄色。头部毛颜色比背毛深,两颊和颈侧腹毛之间有明显的界线。耳壳黄灰色,色泽随地区、年龄、季节而有变异。夏季毛色较冬季毛色深,但短于冬毛。幼鼠色暗无光泽。偶见白色黄鼠。

（3）头骨。头骨扁平稍呈方形。颅呈椭圆形,吻端略尖。眶上突的基部前端有缺口。无人字嵴,颅腹面,门齿无凹穴。前颌骨的额面突小于鼻骨后端的宽,听泡纵轴长于横轴。

（4）牙齿。门齿狭扁,后无切迹。第二、第三上白齿的后带不发达,或无。下前白齿的次尖亦不发达。牙端整齐,牙根较深,长 47 mm,颜色随年龄不同,呈浅黄或红黄色。

本属种间体型差异较大,最大者为北美大黄鼠,体长 43～54 cm,尾长 17.4～26.3 cm;最小者为北美小黄鼠,体长 16.7～23.8 cm,尾长 3.2～6.1 cm。毛色差异亦甚显著,尤其在北美洲,不少种类具有明显的斑点或条纹。黄鼠属在中国分布有 6 种,其中达乌尔黄鼠广布于中国东北、华北及西北部分地区,体型较小,尾短。眼大而突出,因偷食农作物,故有大眼贼、豆鼠之称。主要栖息于荒漠、半荒漠草原、农田附近、坟地和沟谷堤岸。白天活动,喜温暖而避炎热。出洞后善直立瞭望。活动范围一般不超过 100 m。除发情交配期外,喜单独栖居,洞穴构造复杂。一般 9 月下旬至翌年 3 月下旬冬眠。

2. 生活习性

（1）活动。达乌尔黄鼠是中国北部干旱草原和半荒漠草原的主要鼠类,喜散居。以草本植物的绿色部分为食,亦吃农作物的幼苗,有时吃草根和某些昆虫的幼虫。黄鼠危害农作物,破坏牧业草场,又是鼠疫菌的主要携带者和传播者,为重点杀灭对象之一。

（2）巢穴。该鼠对生境有选择性,除繁殖季节以外,多单沿独居,洞穴多筑于荒地、地头、坟地、荒草坡、路旁及多年生草地处,分常住洞和临时洞,临时洞内无窝巢,且多达几个至十几个。常住洞通常只有一个洞口,洞口光滑完整,直径 7～8 cm,洞口前有土丘和足迹,周围无粪便,洞道长 2.9～4.3 m,洞深 1.1～1.4 m,无仓库,不贮粮。雄巢球状,雌巢盆状。一年中半年活动,半年休眠,即冬眠。活动范围 300～500 m。黄鼠挖掘力强,遇敌害时,能迅速地"打墙"逃避。视觉、嗅觉、听觉灵敏,记忆力强,警惕性高。达乌尔黄鼠不喝水。

（3）习性。较喜湿,最适生境为草原和山地草原,通常多在植被覆盖率25%左右、植株高 15～20 cm 处活动。

3. 栖息环境

达乌尔黄鼠为地栖型松鼠科动物,通常栖息在以禾本科、菊科、豆科植物为主的典型草原低山丘陵或平原地带。主要栖居于景观开阔地区环境较干旱的沙质土壤地带及靠山的缓坡地带的干草原及其毗连的滩地上。

达乌尔黄鼠在各种栖息地内的密度,依季节变化和食物条件而不同。当农作物播种 1 个月左右,即立夏阶段,一部分鼠迁往耕地内,到秋季作物成熟时,又迁至原住地。所以黄鼠在一个地区内的居住密度,由于繁殖和迁移的缘故,在不同季节内有很大的变化。早春荒滩地内多,到春末夏初有半数迁入农田或临近路边。

在农业地区,尤喜栖居于农田田埂、地格、路基、坟地及年代不久的撂荒地中,在牧区草原的最适栖息地多为居民点周围,因居民点周围牲畜经常走动,粪便较多,粪便多可招来更多的鞘翅目昆虫,而达乌尔黄鼠在入蛰前喜食昆虫。另外,这些地方牧草较低矮,容易发现天敌。在耕地栖息时则喜欢在地格、坟地和路旁等地方挖掘洞穴,因为这些地方食物丰富,昆虫较多,但不喜欢在高草地区或植被覆盖度较大的低洼地区挖掘洞穴。在丘陵地区喜欢在较高的地区挖掘洞穴,这里除易于发现天敌外,还可以防止雨水流入洞内。

4. 生长繁殖

每年繁殖 1 次,春季发情交配。出蛰后 5 月中旬进入妊娠期,妊娠期28 天,哺乳期 24 天,每胎产仔 6～7 只,多达 11 只,仔鼠 20 天睁眼,34～36天后自行打洞分居,开始独立生活,寿命 2～3 年,一般不超过 5 年。

5. 种群分布

达乌尔黄鼠为松鼠科黄鼠属的动物。在我国分布于陕西、青海、内蒙古、甘肃、河北、黑龙江、吉林、山东、辽宁、宁夏等地,多生活于草原和半荒漠。该物种的模式产地在内蒙古呼伦池。

达乌尔黄鼠阿拉善亚种(学名:*C. dauricus alaschanicus*),是 Buchner于 1888 年命名的。在我国,分布于陕西、青海、宁夏、内蒙古(西部)等地。该物种的模式产地在内蒙古阿拉善南部。

达乌尔黄鼠指名亚种(学名:*C. dauricus dauricus*),是 Brandt 于 1844

年命名。在我国,分布于内蒙古(东北部)、黑龙江等地。该物种的模式产地在内蒙古呼伦池。

达乌尔黄鼠河北亚种(学名:*C. dauricus mongolicus*),是 Milne-Edwards 于 1867 年命名。在我国,分布于内蒙古(东南部)、河北、陕西、辽宁、山东等地。该物种的模式产地在河北省宣化市。

达乌尔黄鼠甘肃亚种(学名:*C. dauricus obscurus*),是 Buchner 于 1888 年命名。在中国大陆,分布于甘肃等地。该物种的模式产地在甘肃省北部地区。

达乌尔黄鼠东北亚种(学名:*C. dauricus ramosus*),是 Thomas 于 1909 年命名。在我国,分布于黑龙江、吉林等地。该物种的模式产地在吉林省。

6.1.2 长尾黄鼠

拉丁学名:*Citellus undulatus*。

别称:豆鼠子、大眼贼。

界:动物界。

门:脊索动物门。

纲:哺乳纲。

目:啮齿目。

科:松鼠科。

属:黄鼠属。

种:长尾黄鼠。

分布区域:中国、哈萨克斯坦、蒙古国、俄罗斯。

1. 形态特征

(1)外形。长尾黄鼠体形较大,体长在 250～300 mm,尾长约为体长的 1/2,连末端毛则超过体长的一半,是黄鼠属中尾最长、体形最大者(图 6-2)。前足掌裸,有掌垫 2 个,指垫 8 个,后足较长,可达 48 mm,足底被毛,无蹠垫,趾垫 4 个,爪色黑褐而长。耳壳短而不显。

(2)毛色。长尾黄鼠夏季毛色较深,背部毛呈灰褐色,毛基多为黑色或暗褐色,部分背毛有白色毛尖,因而在体背部形成隐约可见的小白斑。体侧较体背毛长而毛色较浅,呈草黄色或锈棕色,有的呈灰褐色或浅灰色。头顶与额部毛色较深,呈灰褐色,颊部则呈棕黄色或略带棕色色调。体腹与前、后肢表面的毛色相近,多为棕色或锈棕色,但腹部要浅些。尾背面接近后基部的一段与体背毛相近,呈灰褐色,并略带棕色色调,具有白色毛尖,其余部分与体背显著不同,多覆以三色长毛,这些毛呈锈棕色,具黑色近端与白色毛尖。尾腹面毛以棕黄色为主,近端的黑色部位与白毛尖清晰可见。幼体夏毛颜色比成体浅得多,背部斑点不甚明显。

图 6-2　长尾黄鼠

(3)头骨。长尾黄鼠头骨大而宽,颅全长约 50 mm,颧宽大于 30 mm。额骨与顶骨部位略向上隆起。眶间部甚宽,超过 10 mm。眶后突较细,向两侧下方弯曲。颧弓的走向在眶前部向中央靠近,与头骨纵轴呈较缓的斜坡向鼻部延伸。人字嵴发达,听泡纵横轴约等长。

(4)牙齿。长尾黄鼠上门齿后方有 2 个不大明显的门齿坑。上齿列长小于上齿隙长。上门齿趋于圆形,后无切迹。下臼齿的齿尖发达。

2. 生活习性

(1)活动。长尾黄鼠是白昼活动的鼠类,其活动时间随季节的变化而有差别。4~5 月份,天气寒冷,多在 8~14 时出来活动。6 月份以后,天气转暖,活动时间也随之提前,常在 6:30 左右开始在地面活动,中午炎热时则停止活动,待下午比较凉爽时再出洞活动,并于日落前有一个活动高峰期。9 月份因气温较低,活动时间又推迟到 8 时左右。风雨对其活动有一定的影响。活动时常以后足着地,身体直立观察周围的动静,有时亦伏于地面或田头上晒太阳。一遇敌害则发出一种特有的叫声,以警告同类,并迅速逃回洞中或隐避于草丛中。

(2)巢穴。长尾黄鼠的洞穴一般分布在较高的地方,有时利用乱石堆的间隙为穴。和其他黄鼠一样,有居住洞和临时洞之分。居住洞洞道弯曲,内有主洞道和支洞道,在窝巢附近还有盲洞贮存粪便。有时利用旱獭的废弃洞。多数只有1个洞口,个别的有2个,洞口直径8~13 cm,洞口常堆有碎土。洞道长短、洞岔多少与地形、土质等条件有关。窝巢多为1个,但偶尔亦有2个或2个以上的。窝巢呈椭圆形(26 cm×22 cm×20 cm),铺以松软的干草。夏季居住洞较浅,冬眠洞较深,均在冻土层以下。临时洞的洞道比较简单,无窝巢,仅供逃避敌害时使用。

(3)食性。长尾黄鼠于春季出蛰后,多取食枯干的牧草。牧草返青以后,主要取食莎草科和禾本科植物的绿色部分,亦吃些鞘翅目昆虫。在自然条件下,长尾黄鼠拒食一切人工投放的饵料和谷物、牧草等。在农作区,常窃食农作物,有贮食习性。

(4)冬眠。长尾黄鼠也有冬眠习性。于3月底至4月初开始出蛰,出蛰的顺序是先幼鼠后成鼠,但与性别无关。在出蛰期间,如遇有短期的天气骤变,并不引起出蛰的中断。于9月中旬开始至10月初全部入蛰完毕,入蛰的顺序是雌先雄后,幼鼠在最后。

3. 栖息环境

长尾黄鼠主要栖息于1 700~3 000 m的高山地带和较为湿润的山前丘陵、林缘及河谷地带。植被类型多为山地草原、森林草原和亚高山草甸。一般选择在植被生长较好的缓坡、小溪的河谷地段作为栖息位点,在河边石砾裸露的山坡林缘以下的农田虽有栖息,但数量较少。有时在低山丘陵地带亦可见到,但在戈壁滩中很难见到。

4. 生殖繁殖

长尾黄鼠一年繁殖一次。在春季出蛰后,即开始发情交配。妊娠率为85%。妊娠期为30天左右,产仔集中在5月下旬至6月上旬,一般产仔7~8只,最多可达11只。哺乳期为25天左右,幼鼠于6月下旬开始大批到地面活动。当幼鼠能独立生活时,母鼠则离开繁殖巢穴另找新居,而幼鼠也于4~5天后离开母鼠洞穴,各自另找新居。幼鼠于第二年春季达到性成熟。

5. 种群分布

种群分布不零散。该种很常见,种群数量的差别很大程度上取决于栖息地的不同。长尾黄鼠数量发展趋于稳定。

在中国天山山地长尾黄鼠种群密度较高,精河山地每公顷10~50只,赛里木湖周围每公顷 8～30 只,巴音布鲁克山间盆地每公顷 5～20 只,阿拉套山每公顷 2～7 只。阿尔泰山地长尾黄鼠密度远远低于天山山地,每公顷 1～5 只。

长尾黄鼠阿尔泰亚种(学名:*C. undulatus eversmanni*),是 Brandt 于 1841 年命名的。在我国,分布于新疆(阿尔泰山)等地。该物种的模式产地在阿尔泰山。

长尾黄鼠东北亚种(学名:*C. undulatus menzbieri*),是 Ognev 于 1937 年命名。在我国,分布于黑龙江(呼玛)等地。该物种的模式产地在西伯利亚东部黑龙江上游。

长尾黄鼠天山亚种(学名:*C. undulatus stramineus*),是 Obolensky 于 1927 年命名。在我国,分布于阿拉套山、新疆(伊犁天山、乌鲁木齐以及西北天山)等地。该物种的模式产地在蒙古杭爱山东南部喇嘛葛根。

6.1.3　赤颊黄鼠

拉丁学名:*Spermophilus erythrogenys*。
别称:淡尾黄鼠。
界:动物界。
门:脊索动物门。
纲:哺乳纲。
目:啮齿目。
科:松鼠科。
属:黄鼠属。
种:赤颊黄鼠。
分布区域:中国、哈萨克斯坦、蒙古国、俄罗斯。

1. 形态特征

(1)外形。赤颊黄鼠为体型中等黄鼠,体长可达 258 mm,略小于长尾黄鼠(图 6-3)。尾甚短,其长为体长的 13％～24.1％,平均为 17.3％。后足掌裸露,仅近蹠部被以短毛。

(2)毛色。体躯背面从头顶至尾基一色沙黄,或一色灰黄,杂以灰黑色调。有些前额区被毛呈棕黄色。体背有黄白色波纹,或无波纹。鼻端、眼上缘、耳前上方和两颊具棕黄色或铁锈色色斑。体侧、颈侧、前后肢内侧、足背及腹面均为浅黄色或草黄色。尾毛上下一色沙黄或淡棕黄,或背面具三色毛:毛基棕黄色,次端毛黑色,毛尖黄白色,呈现出不明显的黑色次端环;尾腹面双色:毛基棕黄色,毛尖黄白色,无黑色次端毛,只呈现黄白色环。

图 6-3　赤颊黄鼠

（3）头骨。赤颊黄鼠头骨眶间较窄，成体通常不超过 9 mm，平均为颅基长的 18.9%。吻部短而窄，取门齿孔中横线测得之宽度多小于 8 mm。前颌骨额突较窄，一个额突的后 1/3 处的最大宽度，等于同一横线上的一块鼻骨的宽度；或有超过者，但其超过部分，亦不及一块鼻骨宽的 1/3。腭长明显小于后头宽。听泡较短，其长小于其宽。顶骨上的 2 条骨脊呈钟形或铃形。

（4）牙齿。上白齿列大多数长于齿隙，少数小于齿隙长。上门齿后方的一对硬腭窝甚浅，向后未伸延为浅槽。上、下门齿唇面的釉质白色。

2. 生活习性

（1）活动。赤颊黄鼠是白昼活动的鼠类。其听觉、视觉和嗅觉都很灵敏，警惕性高。出洞前，在洞口四处瞭望，观察动静，如遇可疑之物或危险信号，立即发出短促单一的"吱"声。通报同类后，迅速逃入洞中。天气变化对其活动有一定的影响，一般无风、晴天和气温高时活动频繁，在地面活动的时间有时可达 220 min。当遇到阴雨天气，则活动减弱，甚至出现由低处向高处移动的现象。在 7 级以上大风时，很少出洞活动。5 月中旬 8～18 时活动频繁，尤其在午间 12～14 时有一次活动高峰，早晚活动甚少，夜间无活动。活动范围一般不超过 30 m，但有时可达 40 m。

（2）巢穴。赤颊黄鼠的洞穴，多散布在丘岗的阳坡坡脚、沟谷和小溪两岸。洞口直径约 5 cm。居住洞之洞道总长 3～5 m，分支不多，有窝巢，洞口多为 1 个。临时洞短浅，无巢，亦无分支。幼鼠分居时，常将临时洞改建为居住洞。冬眠洞较深，冬眠巢多在 2 m 以下，入蛰时将冬眠洞的一段洞道封堵，以利安全越冬。

（3）食性。赤颊黄鼠喜食植物的绿色部分、花果、块根及少量鞘翅目昆虫。在农作区亦取食麦类、豆类及苜蓿的幼嫩茎、叶。早春时多以枯草的根茎为食,秋季亦食少量种子。

(4)冬眠。赤颊黄鼠的出入蛰时期与当地的温度有关。一般多在3月中、下旬出蛰,9月末开始进入冬眠。在夏季气温较高,植物提早枯黄的地区,可能存在夏蛰现象。其进入夏蛰的时间,大约从7月初幼鼠分居之后开始,一直过渡到冬眠。

3. 栖息环境

赤颊黄鼠栖息于低山草原、山前丘陵草原和半荒漠平原,有些地方可沿河谷上升至海拔1 500 m中山带的山地草原。

4. 生长繁殖

赤颊黄鼠全年仅繁殖1次,经过冬眠的鼠,从3月底出蛰,出蛰后很快进入交配期。交配期的雌雄鼠频繁窜洞,极为活跃。赤颊黄鼠平时单居独室,但在此时经常居于一个洞中。交配期由4月上旬起持续到4月底,为3周左右。此时,可以同时见到妊娠鼠、生殖道内有阴道塞的鼠和处于排卵期的鼠,其两性比例基本上为1:1;不育鼠约为全部雌鼠的10%。种群的交配-妊娠期(内蒙古大约从4月中、下旬到5月底)约50多天,而妊娠期则为28~30 d。产仔期上要集中在5月上旬到月底。6月上旬全部妊娠鼠产完,用时4周。产仔数为2~10只,最常见是4~7只。妊娠鼠于分娩后在子宫内所留下的子宫斑于入蛰前消退。幼鼠与母鼠分居的时间一般集中在6月下旬,但最早出窝活动的幼鼠可能在6月初。

5. 种群分布

在中国,赤颊黄鼠种群数量波动属于比较稳定的类型,年度间变化不大,仅在不同生境内有差别。种群分布不零散。该种在其分布范围的东部和东北部地区是普遍且丰富的。

赤颊黄鼠阿尔泰亚种(学名:*C. erythrogenys brevicauda*),是Brandt于1844年命名的。在我国,分布于新疆(北部北塔山、阿尔泰山南麓)等地。该物种的模式产地在哈萨克斯坦斋桑盆地。

赤颊黄鼠巴尔鲁克亚种(学名:*C. erythrogenys carruthersi*),是Thomas于1912年命名。在我国,分布于新疆(北部准噶尔界山、阿拉套山)等地。该物种的模式产地在新疆巴尔鲁克山。

赤颊黄鼠内蒙亚种(学名:*C. erythrogenys pallidicauda*),是Satunin于1903年命名。在我国,分布于内蒙古(西部)等地。

6.1.4　天山黄鼠

拉丁学名:*Spermophilus relictus*。

界:动物界。

门:脊索动物门。

纲:哺乳纲。

目:啮齿目。

科:松鼠科。

属:黄鼠属。

种:天山黄鼠。

分布区域:中国、哈萨克斯坦、吉尔吉斯斯坦、乌兹别克斯坦。

1. 形态特征

(1)外形。天山黄鼠体型大小与赤颊黄鼠相似,体长可达 250 mm,但尾较赤颊黄鼠尾长,其尾长为体长的 26.1%~35.1%(平均 31%)。后足掌裸露,只蹠部被毛(图 6-4)。

图 6-4　天山黄鼠

(2)毛色。头顶及前额毛色较暗,呈浅灰色,或灰黄色;双颊、眼周及耳周均无棕黄色或棕色斑。体背毛基黑色,次端灰色,毛尖黄色或浅棕黄色,致整个体背呈灰褐-棕黄色调,这种色调沿背脊一带尤为浓重。体背无淡色斑点,但可见浅黄色波纹。四肢内侧、前后足背、体侧及腹面毛色均为浅黄色。尾毛蓬松,三色:毛基浅棕黄色,次端黑色,毛尖黄白色,使尾的后 2/3 段形成黑色与黄白色两色环。

(3)头骨。天山黄鼠头骨宽大。眶间较宽,成体眶间宽绝大多数超过 10 mm,为颅基长的 20.9%~24.2%(平均 22.2%)。前颌骨鼻吻部短而窄,取门齿孔中横线测得之宽度一般不超过 9 mm。腭长略大于后头宽。

听泡较长,其长大于其宽。前颌骨额突后 1/3 处的最大宽度,等于或略超过同一横线上的一块鼻骨的宽度,但其超过部分不大于此块鼻骨宽的 1/3。左、右两条顶脊,略呈直线向后内方收拢,于后头部相交成一锐角。

(4)牙齿。上下门齿唇面釉质白色,或微染乳黄色。上臼齿列较长,其长略大于齿隙长。上门齿后方之硬腭窝甚浅,须仔细观察方可看出其轮廓。

2. 生活习性

(1)活动。天山黄鼠于 3 月中、下旬开始出蛰,7 月初幼鼠分居,8 月末 9 月初开始冬眠。营昼间活动,但以日出后 3～4 h 和日落前 2～3 h 最为活跃;炎热的中午时分多在洞内休息。

(2)巢穴。天山黄鼠的洞穴和其他种黄鼠一样,亦有居住洞与临时洞之分。居住洞的洞口多为 1 个,个别有 2～3 个者,洞道弯曲且长,具窝巢。临时洞较简单,无巢。夏季居住洞比较分散,多配置在植物多样,而且青翠繁茂的沟谷处。冬季居住洞比较集中,多位于春季积雪消融较快、植物萌发较早的温暖背风的向阳山坡。

(3)食性。天山黄鼠以灰蒿和多种禾本杂草的绿色部分为食。但在蝗虫密度较高地区,则以蝗虫为主要食物来源,可见天山黄鼠具有明显的食蝗性。

3. 栖息环境

天山黄鼠主要栖息于海拔 1 000～1 500 m 的山地草原中的山前丘陵缓坡、山间小盆地,以及河谷两侧较为干燥的地段。在砾石裸露的山坡,多栖息于植被发育较好的土质疏松地段。栖息地的植被以羽茅—灰蒿群丛为主。偶可见于农田附近,但数量不多。

4. 生长繁殖

天山黄鼠于生后第二年,即经过一次冬眠即达性成熟。年产 1 窝,每窝仔鼠多为 4～8 只。

5. 种群分布

种群分布不零散。该种常见,最丰富的地区在海拔 2 600～2 800 m,种群密度为 25 只/hm²。1983 年,在乌兹别克斯坦 Gissar 国家自然保护区(2 000～2 300 只)种群密度是 2.8 只/hm²。该种种群数量发展趋势未知。分布于中国、哈萨克斯坦、吉尔吉斯斯坦、乌兹别克斯坦。在中国仅分布于新疆境内。

天山黄鼠伊犁亚种(学名:*C. relictus ralli*),是 Heptner 于 1948 年命名的。在我国,分布于新疆(伊犁地区)等地。该物种的模式产地在俄罗斯乌拉尔山。

6.1.5　褐家鼠

拉丁学名:*Rattus norvegicus*。

别称:褐鼠、大家鼠、白尾吊、粪鼠、沟鼠。

界:动物界。

门:脊索动物门。

纲:哺乳纲。

目:啮齿目。

科:鼠科。

属:大鼠属。

种:褐家鼠。

分布区域:中国分布于广东、澳门、海南、福建、上海、黑龙江、吉林、内蒙古、辽宁、河北、北京、天津、山东、宁夏、陕西、浙江、安徽、江苏、青海等省、自治区;中国以外分布于日本和俄罗斯。

1. 形态特征

(1)外形。褐家鼠为中型鼠类,体粗壮,雄性体重 133 g 左右,体长 133~238 mm,雌性体重 106 g 左右,体长 127~188 mm,尾长明显短于体长。尾毛稀疏,尾上环状鳞片清晰可见。耳短而厚,向前翻不到眼睛。后足长 35~45 mm。雌鼠乳头 6 对(图 6-5)。

图 6-5　褐家鼠

(2)毛色。褐家鼠背毛呈棕褐色或灰褐色,年龄越老的个体,背毛棕色色调越深。背部自头顶至尾端中央有一些黑色长毛,故中央颜色较暗。腹毛灰色,略带污白色。老年个体毛尖略带棕黄色调。尾二色,上面灰褐色,下面灰白色。尾部鳞环明显,尾背部生有一些褐色细长毛,故尾背部色调较深。前后足背面毛白色。

（3）头骨。褐家鼠头骨较粗大，脑颅较狭窄，颧弓较粗壮，褐家鼠是家栖鼠中较大的一种，眶上嵴发达，左右颞嵴向后平行延伸而不向外扩展。门齿孔较短，后缘接近臼齿前缘联接线。听泡较小。

（4）牙齿。褐家鼠第一上臼齿第一横脊外齿突不发达，中齿突、内齿突发育正常，第二横脊齿突正常，第三横脊中齿突发达，内外齿突均不发达。第二上臼齿第一横脊只有 1 个内齿突，中外齿突退化，第二横脊正常，第三横脊中齿突发达，内外齿突不明显。第三上臼齿第一横脊只有内齿突，第二、第三横脊连成一环状。

2. 生活习性

（1）活动。褐家鼠是一种家族性群居鼠类，可以几个世代同在一个洞系居住，但雄性之间时常进行咬斗。褐家鼠属昼夜活动型，以夜间活动为主。在不同季节，褐家鼠一天内的活动高峰相近，即 16～20 时与黎明前。褐家鼠行动敏捷，嗅觉与触觉都很灵敏，但视力差。记忆力强，警惕性高，多沿墙根、壁角行走，行动小心谨慎，对环境改变十分敏感，遇见异物即起疑心，遇到干扰立即隐蔽。褐家鼠在一年中的活动受气候和食物的影响，一般在春、秋季出洞较频繁，盛夏和严冬相对偏少，但无冬眠现象。

褐家鼠活动能力强，善攀爬、弹跳、游泳及潜水。主要靠嗅觉、味觉、听觉和触觉来进行活动；能平地跳高 1 m，跳远 1.2 m，能沿砖墙和其他粗面墙壁爬上建筑物顶；能钻过大于 1.25 cm 见方的开孔，能迅速通过水平粗绳、管子、电缆等，能在直立的木头、管子和电缆上爬上爬下；善于游水和潜水，能游过 0.8 km 的开阔水面；警觉性很高，对新出现的食物或物体常不轻易触动。但一经习惯之后，即丧失警惕性。

褐家鼠啃咬能力极强，可咬坏铅板、铝板、塑料、橡胶、质量差的混凝土、沥青等建筑材料，对木质门窗、家具及电线、电缆等极易咬破损坏。但对钢铁制品及坚实混凝土建筑物无能为力。该鼠门齿锋利如凿，咬肌发达。适应性很强，可在 -20℃ 左右的冷库中繁殖后代，也能在 40℃ 以上热带地区生活，甚至还能爬上火车、轮船、飞机旅行。据报道，在原子弹靶场——太平洋恩格比岛上经实弹射击之后，仍发现有该鼠存活。

（2）食性。褐家鼠为杂食性动物。食谱广而杂，几乎所有的食物，以及饲料、工业用油乃至某些润滑油，甚至垃圾、粪便、蜡烛、肥皂等都可作为它的食物。但它对食物有选择性，嗜食含脂肪和含水量充足的食物，其选择食物随栖息场所不同而异。在居民区室内，喜吃肉类、蔬菜、水果、糕点、糖类等，还咬食雏禽、幼畜等；在野外，以作物种子、果实为食，如玉米、小麦、水稻、豆荚、甘薯、瓜类、葵花籽等,也食植物绿色部分和草籽。常以动物性食物为主要食料,捕食小鱼、虾、蟹、大型昆虫、蛙类等,甚至捕食小鸡、小鸭等家禽。

(3)巢穴。褐家鼠栖息场所广泛,为家、野两栖鼠种。以室内为主,占80.3%,室外和近村农田分别为14.3%和5.4%。室内主要在屋角、墙根、厨房、仓库、下水道、垃圾堆等杂乱的隐蔽处营穴。室外则在柴草垛、乱石堆、墙根、阴沟边、田埂、坟头等处打洞穴居。其洞穴分布为:墙根占67.7%,阴沟占8%,柴草垛占7.1%,田埂占5.4%,其他占11.7%。褐家鼠有群居习性,在族群里有明显的等级制度,级别高的强健雄鼠常把弱者赶出洞穴,独占几只雌鼠,占领多个洞穴。

3. 栖息环境

褐家鼠的栖息地非常广泛,在河边草地、灌丛、庄稼地、荒草地以及林缘池边都有,但大多数在居民区,主要栖居于人的住房和各类建筑物中,特别是在牲畜圈棚、仓库、食堂、屠宰场等处数量最多。

4. 生长繁殖

褐家鼠繁殖力很强,只要环境和气候适宜,食物丰盛,一年四季均可繁殖。春、秋两季为繁殖高峰期。一般在酷热的夏季及严冬腊月停止繁殖。1年生6~10胎,每胎产仔4~10只,最高可达17只。母鼠产后即可受孕,妊娠期20~22天。初生仔鼠生长快,1周内长毛,9~14天开眼,3个月性成熟即可交配生殖,并可保持1~2年的生殖势能。寿命可达3年,平均1.5~2年。

5. 种群分布

褐家鼠多数生存于居民点及其附近地区。其数量分布,一般而言,城镇多于农村,港口码头又多于城镇,房舍区多于附近农田。环境条件的改变是导致褐家鼠种群数量变动的主要因素。由于房舍区鼠的高密度向村庄附近农田扩散,在这几年中农田区中该鼠数量也上升,连年危害严重。随着农村经济发展和生活水平的提高,住房条件改善,由原来的土木结构旧房改建成砖墙水泥板结构及水泥地面的新式住房,褐家鼠很难在房屋内打洞做巢,也不易任意流窜,其栖息条件大受限制,这是导致褐家鼠种群数量下降的重要原因。随着房舍区鼠的数量减少,村庄附近农田区鼠的数量也相应减少。褐家鼠常随大型交通工具而被迁移至各地。新疆地原本无此鼠分布,但因火车通至中哈边境,现褐家鼠已分布至乌鲁木齐市以西甚至更远。

6.1.6　大林姬鼠

拉丁学名:*Apodemus peninsulae*。

别称:林姬鼠、山耗子、朝鲜林姬鼠、朝鲜姬鼠。

界:动物界。

门:脊索动物门。

纲:哺乳纲。

目:啮齿目。

科:鼠科。

属:姬鼠属。

种:大林姬鼠。

分布区域:中国分布于黑龙江、吉林、辽宁、山东、河北、山西、内蒙古、青海、新疆、宁夏、云南、四川、西藏等地;中国以外分布于日本、朝鲜、蒙古、俄罗斯阿尔泰地区。

1. 形态特征

(1)外形。大林姬鼠体形细长,长 70～120 mm,与黑线姬鼠相仿,尾长 75～120 mm,体重可达 50 g,尾季节性稀疏,尾鳞裸露,尾环清晰。耳较大,向前拉可达眼部。前后足各有 6 个足垫。雌鼠在胸腹各有 2 对乳头(图 6-6)。

图 6-6　大林姬鼠

(2)毛色。夏毛体背褐赭而灰暗,冬毛褐棕色较鲜明;腹部及四肢内侧为灰白色,毛基淡灰色,毛尖灰白色。尾双色,上面暗褐色,下面污白色。头顶与背部色同,四足足背污白色。幼体毛色较深。

(3)头骨。大林姬鼠的头骨比黑线姬鼠略大,吻部稍钝圆,额骨与顶骨之间的交接缝一般向后呈圆形,也有些接缝中央处平直,向前往两侧倾斜。顶间骨略向后倾斜。枕骨较陡直,从顶面只能看见上枕骨的一部分,与黑线姬鼠相反。门齿孔短,其后缘达不到上臼齿列前缘的水平线,腭骨较宽,此与中华姬鼠有所区别。眼眶边缘具脊状凸起。

（4）牙齿。臼齿明显大于黑线姬鼠和中华姬鼠,齿突也较发达。第一上臼齿较大,有 3 个横脊,中间齿突极发达,第三横脊内外侧的齿突退化;第二上臼齿小于第一上臼齿,有 3 横脊,第一横脊中央的齿突稍尖,两侧形成 2 个孤立的齿突,内侧发达,外侧很小,第三上臼齿最小,呈 3 叶。

2. 生活习性

（1）活动。大林姬鼠以夜间活动为主,但白天也能见到。雄性的平均活动距离为 76.3 m,雌性为 61.3 m。有季节性迁移的习性,即春季 5 月份以后由林内迁向迹地,秋季 9 月份又由迹地迁返林内。

（2）食性。大林姬鼠喜食营养丰富的植物种子和果实。也食昆虫,但很少吃植物的绿色部分,喜食松子、榛子、剪秋萝、刺玫果等。在采食时有挖掘种子的能力,能将没有吃尽的食物用枯枝落叶、土块等掩埋,留作下次觅食时食用。

（3）巢穴。巢穴因环境而异,在栎林里多营巢于岩缝中,在混交等林内常建巢于树根、倒木和枯枝落叶层中。它们用枯草、枯叶做巢。当冬季地表被雪覆盖后,则在雪层下活动,地表留有洞口,地面与雪层之间有纵横交错的洞道。雄性的巢区面积大于雌性,巢区内尚有一块活动频繁的核心区。

3. 栖息环境

大林姬鼠是林区中的常见鼠类,栖于林区、灌丛、林间空地及林缘地带的农田。与小林姬鼠相反,尤喜较干燥的森林。从垂直分布看,大林姬鼠在海拔 300～600 m 的森林里,其种类组成占 45.5%,若海拔高度大于或低于这个数值其数量则明显降低。

4. 生长繁殖

4 月份即可开始进行繁殖,6 月份为繁殖盛期。每胎产仔 4～9 只,一般每年可繁殖 2～3 代。种群数量的波动非常明显,一般 4～6 月份为数量上升期,7～9 月份为数量高峰持续期,10 月份又开始下降。

6.1.7　黑线姬鼠

拉丁学名:*Apodemus agrarius*。
别称:田姬鼠、黑线鼠、长尾黑线鼠。
界:动物界。
门:脊索动物门。

纲:哺乳纲。

目:啮齿目。

科:鼠科。

属:姬鼠属。

种:黑线姬鼠。

分布区域:中国分布于辽宁、贵州、云南、西藏、上海、浙江、江苏、江西、湖南、广东、香港、海南、广西、福建、台湾等地;中国以外分布于朝鲜、蒙古、俄罗斯直到欧洲西部

1. 形态特征

(1)外形。黑线姬鼠为小型鼠类,体长 65～117 mm,身体纤细灵巧,尾长 50～107 mm,体重 100 g 左右。尾鳞清晰,耳壳较短,前折一般不能到达眼部。四肢较细弱。乳头 4 对,胸部和鼠鼷部各 2 对(图 6-7)。

图 6-7　黑线姬鼠

(2)毛色。体背呈淡灰棕黄色,背部中央具明显纵走黑色条纹,起于两耳间的头顶部,止于尾基部,亦即黑线姬鼠之得名,该黑线有时不甚完全,较短或不甚清晰。耳背具棕黄色短毛,与体背同色。腹面毛基淡灰色,毛尖白色,背腹面毛色有明显界线。四足背面白色,尾明显二色,上面暗棕色,下面淡灰色。

(3)头骨。黑线姬鼠的吻部较为狭长,前端较尖细。鼻骨前端超过门齿前缘,后端超出或接近前颌骨后缘。脑颅较隆起。额骨与顶骨的交接缝多向后呈“人”字形,顶间骨较大,其前外角明显向前突入顶骨,整个顶间骨略呈长方形。上枕骨倾斜度较大,颅骨背面观可见上枕骨的大部。眶上嵴发达,向后与颞嵴相连,消失于顶骨后外角。人字嵴和枕嵴明显。颧弓纤细,颧板宽,前缘向前凸突或直。门齿孔较短,一般不及或几乎到达第一上臼齿前缘之连线。

(4)牙齿。第二上臼齿较大,具完整的三横脊,三齿尖,中央齿尖发达;

第一横脊的舌缘齿尖略向后移,少数个体于其唇缘可见极微小的第四附加横脊的残迹。第二上臼齿第一横脊退化。唇缘及中央齿尖均消失,仅存舌缘齿尖。第三上臼齿颇为退化,仅于舌缘见 2 个明显的凸起;此点与大林姬鼠的三凸起,呈鲜明的对照。

2. 生活习性

(1)活动。春季农田播种后和农作物萌芽期,常窜入田间活动,随着禾苗的不断生长,逐渐移往农田四周的草地、田埂、土堤等处,当作物成熟收割时,又迁回割倒的庄稼地里。

(2)巢穴。黑线姬鼠的洞系一般有 3～4 个洞口,也有暗窗,洞径 2.0～2.5 cm。在洞道下行到地下 40～60 cm 时,即转向与地面平行或略向下斜,在洞道的一端或中间有扩大的巢室或仓库,洞道全长不超过 2 m。巢室距地面不及 1 m,内有松软的垫草,仓库内常贮有粮食和草籽。秋季,在打草场或贮草地的草垛下常能发现黑线姬鼠的临时洞和使用已久的洞穴。

(3)食性。黑线姬鼠食性较杂,但以植物性食物为主。食物常随季节而变化,秋、冬两季以种子为主,佐以植物根茎;春天开犁播种后,盗食种子和青苗;夏季取食植物的绿色部分及瓜果并捕食昆虫。

3. 栖息环境

黑线姬鼠的栖息环境广泛,喜居于向阳、潮湿、近水源的地方,在农业区常栖息在海拔 225～1 670 m 的地埂、土堤、林缘和田间空地中。在林区生活于草甸、谷地,以及居民区的菜地和柴草垛里,还经常进入居民住宅内过冬。

4. 生长繁殖

黑线姬鼠繁殖力较强,每年 3～5 胎,每胎 4～8 只仔,以 5 只仔居多,最多可达 10 只仔。仔鼠 3 个月发育成熟,平均寿命 1 年半左右。

6.1.8 长爪沙鼠

拉丁学名:*Meriones Unguiculatus*。
别称:长爪沙土鼠、蒙古沙鼠、黑爪蒙古沙土鼠、黄耗子、沙耗子。
界:动物界。
门:脊索动物门。
纲:哺乳纲。
目:啮齿目。

科：仓鼠科。

属：沙鼠属。

种：长爪沙鼠。

分布区域：分布于中国内蒙古、河北、山西、宁夏、陕西、甘肃、黑龙江、吉林、辽宁等省自治区；中国以外分布于蒙古和俄罗斯的外贝加尔地区。

1. 形态特征

（1）外形。长爪沙鼠是一种小型草原动物，大小介于大白鼠和小白鼠之间，为中小型鼠类，外形与子午沙鼠很相似。成熟期体重不超过 100 g（32～113 g）。体长 90～132 mm；尾长 82～106 mm，为体长的 70%～90%；后足长 21～32 mm；耳长 9～17 mm 约为后足长的 1/2。耳壳前缘列生有灰白色长毛，耳内侧靠顶端有少量短的毛，其余部分几乎是裸露的，后肢跖部及掌部全部有细毛。趾端有爪，呈锥形，比较锐利，爪基黑色，爪尖灰黄色。尾长而粗，尾上被密毛，尾端的毛较长，在末端形成"毛束"。爪较长，趾端有弯锥形强爪，适于掘洞，后肢蹠的和掌被以细毛，眼大而圆（图 6-8）。

图 6-8　长爪沙鼠

（2）毛色。头和体背部为棕灰黄色，毛基青灰色，上端棕黄色，部分毛尖黑色，整个背部杂有黑褐色长毛。耳壳前缘生有灰黄白色的毛，耳壳内侧耳尖有灰黄白色的短毛，其余部分几乎是裸露的。耳壳背面耳尖生有与背部颜色一致的短毛，下部及耳基下外侧和耳后有一小块纯黄白色毛区。眼周有一圈较头部稍淡的毛。由口角向侧上方到前肢基部上方为纯白色，形成了一条白色条带，与下颌、前胸及前肢内侧的纯白毛连成一片。腹毛毛基为淡灰色，中段和上段为白色，所以腹毛呈污白色。四肢内侧的毛与腹毛色同，外侧为棕黄色。尾毛明显分为 2 色，上面为黑色，下面为棕红色，其颜色较体背颜色鲜艳。尾端毛束以黑色为主，夹有棕黄色毛。

（3）头骨。颅骨较宽阔，颅宽约为颅长之半。鼻骨较长，约为颅长的 1/3。

眶上嵴不十分明显。额骨较低平。顶骨宽大,背面隆起,其前外角微向前延伸,使顶骨前缘向内凹下。顶间骨稍大,略呈卵圆形,宽小于长的 50% 以下,后缘向后略突出,前缘中部向前突,并和顶骨后缘相接触。听泡发达,隆起,但较子午沙鼠略小,未与颧骨的鳞骨角突相接触,两听泡最前端距离较近。门齿孔狭长向后几乎伸达臼齿前缘的连线。颧弓前窄后宽。上颌骨的颧突较大。眶下孔几呈圆形。颅长 29.4～37.4 mm;颧骨长 16～21.3 mm,鼻骨长 10～14.3 mm;眶间宽 5～6.3 mm;齿隙 6.8～8.6 mm;上齿列长 4.3～5.7 mm;听泡长 9.9～12.3 mm,听泡宽 6.3～7.1 mm。

(4)牙齿。上门齿橙黄色,前面有纵沟。上臼齿 3 枚。第一枚最大,其内外侧各有 2 个凹陷。第二上臼齿次之,其内外侧各有 1 个凹陷。第三枚最小,呈圆柱形,无凹陷。上臼齿的咀嚼面较平坦。釉质磨损后,其内外侧的凹陷将齿冠分为一系列相对的三角形。2 个三角形互相融合,构成菱形和不规则的椭圆形的齿叶。第一、第二上臼齿分别有 3 个和 2 个齿叶。第三上臼齿咀嚼面近圆形。下臼齿与上臼齿的结构基本类似。

2. 生活习性

(1)活动。长爪沙鼠为非冬眠动物。主要昼间出洞活动。夏季在 7～10 时、17～21 时活动最为频繁,中午避居洞穴。冬季主要在 10～15 时出洞活动,随着气温的升高,其出洞活动时间随之提前。

刮风和温度对其活动的影响是直接的。一般 4 级风时,出洞活动明显减少。如遇 5～6 级以上大风或雨雪天气,即整日甚至连日在洞内不出。

其每个家族都有自己的巢区领地范围,一般在 325～1 550 m²,在条件好的地方,特别是食物丰富的地方,其领地范围小,而食物条件差的地方,其领地范围大。领地范围的大小与家族最大雄鼠体重明显相关。在其领地范围内,其他家族成员不允许进入进行觅食、寻找配偶等活动,否则将发生殴斗。

(2)巢穴。长爪沙鼠家族群居,每家族有 2～17 只,有成年雄鼠和雌鼠数只以及亚成体和幼体。

其每个家族都有一地下洞系,为其居住、繁殖、储粮等生活的地方,也是为了保护自己抵御寒冷、风雨以及天敌侵袭的场所。洞穴分 2 种,即临时洞和居住洞。临时洞简单,多为单叉和双叉洞道,洞道长 1 m 左右,洞口 1～2 个,洞内无窝巢、厕所等,这种洞主要为临时避敌和临时盗贮粮食之用。作物成熟季节,它们在田埂大量掘建临时洞,以贮备粮食。这种洞很短,约 50 cm,但洞底却很宽大。很明显,这种洞主要就是用来临时存放盗窃来的粮食。居住洞非常复杂,每一洞系包括洞口、洞道、仓库、厕所、盲洞、窝巢、窟等。

每个洞系一般有 5～6 个洞口,多者达 30 多个,形成洞群。鼠多则洞口多,鼠少则洞口相对较少。洞口呈圆形,直径 3.5～8 cm,一般为 5～6 cm。洞道弯曲,由洞口向下倾斜,一般与地面成 45°角,入地 20～30 cm 后,即与地面平行。洞道一般长 3～5 m。居住洞有仓库,多者 6 个以上,一般为 2～3 个。仓库容积小者为 28.5 cm×13.5 cm×14 cm,大者为 130 cm×31 cm×35 cm。洞内有 1 个厕所。窝巢距地面 50～120 cm,小者为 9 cm×7 cm×6 cm,大者为 11.5 cm×11 cm×9 cm。

春季来临,由于窝草与贮粮霉烂,其活动性增强,往往将冬季洞暂时弃之,而另建新的临时洞。夏季洞窝巢距地面较浅,洞道较短。入秋以后,将原来的洞穴又重新修整利用。

(3)食性。长爪沙鼠主要吃草本植物的种子和叶、茎,食性比较复杂,在野外曾发现其吞食蜥蜴。另外,不论在室内饲养还是在野外掘洞观察,都能证实其互相残食,在洞穴内多次见到被吞食过的残缺鼠尸。每年 9 月份至翌年 4 月份,以植物的种子为主,5～8 月份以茎叶为主。糜子、谷子、高粱等粮食以及苍耳、盐蒿等的种子都是其盗食的对象。食其茎叶的植物有苦苦菜、盐蒿、大籽蒿等。室内观察每天平均吃粮 5.2 g,吃青菜和青草 13 g。这样估计每鼠 1 年可食植物的种子 1.5～2 kg,食青草 8.5 kg 左右,曾在室内(13℃～30℃)对其进行禁水试验,即对其仅喂小麦、高粱和扁豆,而绝对禁水及青草、青菜。发现终生仅喂粮食(含水量为 17%)而禁水,并不影响其生命活动,与既喂粮又喂水对照组平均寿命无显著差异。

3. 栖息环境

长爪沙鼠为中小型荒漠草原动物。喜栖于松软的沙质土壤的荒漠草地、固定半固定沙丘、林耕地、渠背、田埂等。一般沿着植物生长良好的谷沟、坡面、道路两侧,或者在许多独立存在的小片沙土半沙土地带栖息。在一些植被较好的固定半固定沙丘数量较多。由于土壤、地形地貌、降水、日照、植被等多种因素的综合作用,造成了其数量在一些地区的高度集中。另外,表现为弥散式的分布,单位面积上的密度不高,但存在的面积较大。在条件优越的环境,常年保持着较高的数量,尽管有时因条件恶化和流行病等,引起数量上的减少,但间隔一定时间,可迅速恢复。

4. 生长繁殖

长爪沙鼠性成熟期为 10～12 周,性周期 4～6 天。繁殖以春、秋季为主,每年 12 月份和 1 月份基本不繁殖。初生仔鼠生长发育较快,雌鼠通常 5～6 个月配种。交配多发生在傍晚和夜间,接受交配时间为 1 天,妊娠期

24～26 天,哺乳期 21 天。成年雌鼠 1 年可繁殖 3～4 胎,每胎 5～6 只,最多 12 只。人工饲养条件下,1 年可繁殖 5～8 胎,一生的繁殖期为 7～20 个月,最高可繁殖 14 胎,寿命 2～4 年。

5. 种群分布

长爪沙鼠分布于中国内蒙古、河北、山西、宁夏、陕西、甘肃、黑龙江、吉林、辽宁等省、自治区。中国以外分布于蒙古和俄罗斯的外贝加尔地区。具有 5 个亚种。

长爪沙鼠不但无任何经济价值,而且是一种危害比较严重的种类,由于其啃食牧草,掘洞盗土,破坏草场植被,导致草场载畜量减少,危害畜牧业生产,严重地影响了草地植被的更新和牧草的繁衍,并使草地植被退化而引起大面积沙化。盗食粮食,毁坏农作物,啃咬树皮、树根,盗食播种的树木种子,是农区和半农半牧区人工林地的重要害鼠。

另外,长爪沙鼠传播多种疾病,为中国内蒙古高原长爪沙鼠鼠疫疫源地的主要贮存宿主。

6.1.9　子午沙鼠

拉丁学名:*Meriones meridianus*。
别称:黄耗子、中午沙鼠、午时沙土鼠。
界:动物界。
门:脊索动物门。
纲:哺乳纲。
目:啮齿目。
科:仓鼠科。
属:沙鼠属。
种:子午沙鼠。
分布区域:蒙新区荒漠与荒漠草原。

1. 形态特征

(1)外形。乳鼠阶段:初生至 20 日龄,体重不超过 11 g。形态变换最大,睁眼,耳孔开裂,门齿、臼齿及被毛的长出等均在此期。但体温调节尚未形成,体长在 60 mm 以下。

幼鼠阶段:20～40 日龄,其主要特征是已形成体温调节机制,可自由取食,生长率仍较快,保持在 1% 以上,上、下臼齿已长全,体长 60～85 mm,体重不超过 30 g。

亚成体阶段:40～70 日龄,除体重外,其余各生长率已下降到 1%以下,生殖器官逐渐发育成熟,体长 80～96 mm,体重最高可达 45 g。

成体阶段:70 日龄以上,全部发育成熟,有个体参与繁殖,体重生长率下降到 1%以下,体重 45 g 以上(图 6-9)。体长 100～150 mm,尾长 95～150 mm,约等于体长或略短些;后足长 28～37 mm,耳长 13～18 mm。颅长 33～38.8 mm,颅宽 17～20.8 mm,超过颅长的一半;鼻骨长约 11.4 mm;眶间宽约 6 mm;听泡很发达,长约 12.3 mm,上颊齿列长约 4.8 mm。

图 6-9　子午沙鼠

(2)毛色。体毛色有变异,体背面呈浅灰黄沙色至深棕色,体侧较淡,呈沙灰色;体腹面纯白色;眼周和眼后以及耳后毛色较淡,呈白色或灰白色;尾上下一色,呈鲜棕黄色,有时下面稍淡,尾端通常有明显黑褐色毛束;足底覆有密毛;爪浅白色;耳壳前缘列生长毛。

(3)头骨。头骨比长爪沙鼠稍宽大。颧宽约为颅全长 3/5。顶间骨宽大,背面明显隆起,后缘有凸起。听泡发达。门齿孔狭长,后缘达臼齿前端的连线。顶间骨不如长爪沙鼠的发达,其前缘中间部分略向前突。鼻骨较为狭窄,其后端为前颌骨后端所超出。

(4)牙齿。牙齿与同属的其他种类一样。每一上门齿前面各有一明显纵沟。第一上臼齿咀嚼面内外两侧各有 3 个三角形彼此相对,形成前后 3 个三角横叶;第三横叶有时呈菱形。第二上臼齿只有 2 个横叶,彼此相通,但三角形状不甚明显。第三上臼齿只有 1 叶,略呈圆形。下臼齿基本上与上臼齿相同,但形状略有不同,特别是第一下臼齿前叶。

2. 生活习性

(1)活动。子午沙鼠是亚洲中部荒漠、荒漠草原动物,广泛栖息于各类干旱环境,它们常聚集于小片适宜的生存环境,在内蒙古荒漠草原区的盐淖周围、农田间沙丘上的数量极高。在同一栖息地,长爪沙鼠多分布于田梗、田间荒地,密度相对均匀,而子午沙鼠分布于灌丛、沙丘,密度不均匀。这是草原与荒漠鼠类种群空间分布型的差异。

夜间活动,白天极少出洞。在22～24时为活动高峰,清晨4～6时有一个小高峰。活动距离为60～870 m,平均264 m。觅食时趋于远离洞口,仅在交尾期或哺乳期才限于洞系周围取食。随季节的变化有迁移觅食的习性,其迁移距离一般不超过1 km。秋季储粮时期,植物种子普遍成熟,食物丰富,沙鼠的活动范围也相对稳定。

(2)巢穴。子午沙鼠的洞系可分为越冬洞、夏季洞和复杂洞。雌鼠在妊娠和哺乳期间出入洞口之后,常将洞口堵塞。种群数量以及分布区以河西走廊荒漠居多,且为优势种,夏季夹日法捕获率多在10%以上,个别地区可达40%。本种的洞穴配置分散,不形成密集洞群,洞道不甚复杂,大多为单出口或双出口。夏洞长2～3 m,巢位距地面多不超过1 m;冬洞较长,可长达4 m,巢位在2 m左右。冬季,子午沙鼠集居到冬洞内,每洞常栖息5～10只,因而形成一些分散而孤立的"集居区"。

(3)食性。杂食性,以草本植物、旱生灌木、小灌木的茎叶和果实为主要食物。一些带刺的灌丛,如狭叶锦鸡儿、沙兰刺头等亦为其所采食。春季曾在其胃中检出鞘翅目昆虫的残片。在农区盗食各种粮食作物,甚至葡萄干、西瓜、甜瓜、向日葵籽以及树木幼苗。子午沙鼠很少直接饮水,仅在秋季可见其采食带露水的叶子。笼养条件下,日食量为18～34 g。夏季的日食量高于秋季。

3. 栖息环境

子午沙鼠主要栖息于荒漠或半荒漠地区,典型栖息地为生长梭梭、琵琶柴、红砂、骆驼刺、白刺、柽柳等荒漠灌木的沙丘、沙岗及丘间低地。在塔里木盆地尚喜栖息在沿河胡杨林及旱生芦苇沙地。

有时也见于非地带性的沙地和农区。在内蒙古地区,子午沙鼠的典型生境为灌木和半灌木丛生的沙丘和沙地。

4. 生长繁殖

春季交配,5～6月份为产仔盛期,每胎产3～10只仔,平均产6只仔。大多越冬雌鼠繁殖2胎。7～8月份已很少有幼仔出现。食物充足的年份,在9月份有部分雌鼠可再产1胎。新疆木垒县在牧草丰盛的年份曾发现9月份的妊娠鼠占雌鼠总数的80%,可见食物对子午沙鼠的繁殖影响甚大。幼鼠出生1个月后开始独立生活。

子午沙鼠的年数量变动幅度较小,在1991—1998年,年平均捕获率为

1.02%,1994 年最高为 1.94%,1991 年最低为 0.34%,最高年是最低年的
5.71 倍。各年度的同一季节密度水平大致一致,但季节间数量差异较大。
秋季数量为春季数量的 5～10 倍。秋季种群中幼鼠约占 80%。荒漠绿洲、
低湿沙地及荒漠灌丛中的数量高于砾土荒漠,而这类环境又多被开垦用作
农业生产基地,因而这些地区农田害鼠颇为严重。

5. 种群分布

该物种分布范围广,不接近物种生存的脆弱濒危临界值标准(分布区域
或波动范围小于 20 000 km²,栖息地质量、种群规模、分布区域碎片化),种
群数量趋势稳定,因此被评价为无生存危机的物种。

其分布范围包括准噶尔盆地、塔里木盆地、吐鲁番—哈密盆地、阿拉善
荒漠、鄂尔多斯高原、柴达木盆地、湟水河谷、黄土高原北部,以及阴山以北
的内蒙古高原。其中甘肃境内分布在河西走廊、平凉地区、庆阳地区、定西
地区、兰州、皋兰、榆中、永登、景泰、永靖等地。

6.1.10　大沙鼠

拉丁学名:*Rhombomys opimus*。
别称:黄老鼠、大砂土鼠。
界:动物界。
门:脊索动物门。
纲:哺乳纲。
目:啮齿目。
科:仓鼠科。
属:大沙鼠属。
种:大沙鼠。
分布区域:亚欧大陆部分地区。

1. 形态特征

(1)外形。大沙鼠的大小与褐家鼠相仿,是沙鼠亚科中体形较大的种
类。体长大于 150 mm,耳短小,不及后足长之半。耳壳前缘列生长毛,耳
内侧仅靠顶端被有短毛。趾端有强而锐的爪,后肢蹠部及掌部被有密毛,前
肢掌部裸露。尾粗大,儿乎接近体长,上被密毛,尾后段的毛较长,一直伸达
尾末端形成毛笔状的"毛束"(图 6-10)。

图 6-10 大沙鼠

(2)毛色。大沙鼠头和背部中央毛色较长爪沙鼠略浅,呈淡沙黄色,微带光泽。体侧、眼周、两颊和耳后等处的毛色较体背略暗淡,介乎灰沙色与黄沙色之间。每一根毛尖端为黑色,基部为暗灰色,中部呈沙黄色,除此种毛外尚杂有黑褐色毛。腹面毛色和四肢内侧毛色相仿,均为污白色,微带黄色,这些毛的基为暗灰色,端部为污白色。四肢外侧和后脚蹠部被有浅黄色毛。尾毛大部分呈一色,为红锈色,外观上和体背毛色有显著区别,远较体背毛色鲜艳;靠近尾后段有长的黑毛,有直达尾槽的小毛束。爪为暗黑色。

(3)头骨。大沙鼠头骨宽大,额宽达颧长的2/3。鼻骨狭长,其长超过颅长的1/3。额骨表面中央部较低凹,眶上嵴明显。由于额骨长大,顶骨显著变短,同时顶部平扁,有明显的颞嵴,向后达顶间骨处,然后折向两侧形成大弯。顶圈骨近于椭圆形。颧弓中央不太膨大。听泡膨大程度略小于子午沙鼠,不与颧弓的鳞骨突角相接触。门齿孔狭长,向后延伸不达臼齿列。

(4)牙齿。大沙鼠每个上门齿的前面各有2条纵沟,齿外侧的一条较明显,内侧的一条不太显著。上臼齿的咀嚼面较平坦,这些齿的内外珐琅质壁将齿冠围成一系列椭圆形的齿环。M^1 的咀嚼面有三菱形齿环,M^2 有2个齿环,M^3 靠近内外侧中部各有一浅的凹陷(珐琅质的褶皱),将该齿分割成一个后叶。

2. 生活习性

(1)活动。大沙鼠常白天活动,不冬眠。冬季日活动节律呈单峰型,其活动范围一般不超过 2.5 m;夏季则呈双峰型,随着气温的升高,外出活动逐渐减少,中午不外出活动,黄昏以后又陆续出洞活动,活动范围为 40～50 m,有的可达 300 m。大沙鼠有相当高的回巢能力,成鼠在百米之内,普遍能返回原有洞系,但幼鼠对巢区的保守性却远不如成鼠。

大沙鼠的听觉和视觉非常敏锐,对洞口的异物也有警戒,随时伴随瞭望行为,有时和警戒难以区分。出洞时,大沙鼠首先探出头,确认洞口附近无危险存在时再钻出洞,然后站立在洞口前的小平台上瞭望,动作和警戒相似,只是不发出鸣叫。取食时,大沙鼠会边进食边进行瞭望,当有危险发生时会立即转入警戒行为。远距离观察发现,大沙鼠的这种瞭望行为的时间一般不太长,然后便进行移动、取食、玩耍等其他行为。其天敌有鹰、虎鼬和狐等。

(2)巢穴。大沙鼠通常营群落生活,常形成相当明显的洞群。洞群分布随地形而异,沿沟谷、垄状沙丘、渠边、道路两侧分布为条带状洞群,长者可达数千米;地形无明显走向的半固定沙丘、块状梭梭林等处为岛状洞群。每个洞群常有一个中心区,其面积不大,具有优良的自然生存条件,这里常常洞口密布,洞系相连,鼠密度最大。由中心区向外,密度随距离增加而递减。早春一洞系中有繁殖鼠 1 对,秋后可达 10 余只。洞道结构十分复杂。洞口直径约 6~12 cm,1 个洞系有洞口 10~30 个,有的可达 100 余个,洞系占地面积可达 2~3 hm²。洞道相互交错,分 2~3 层。第一层距地面 40 cm 左右,每层之间相隔 10~30 cm。洞道旁有粮仓和厕所。冬季经常出入的洞口,多在粮仓附近。老窝比较深,多数位于地下 2~3 m 处,内有细草和软毛铺成的睡垫。巢分夏巢与冬巢,夏巢较浅,冬巢深 1.5~2 m。洞道中扩大部设有粮仓。其大小不一,最大者可贮草 100 kg 以上,废弃的仓库多改作厕所。在土质结构松软的地段,洞系往往自然塌陷。在土质较为坚实的地段,使用较久的洞系,洞口前多有高大的土丘,为抛土、残食等废弃物构成;有的土丘高达 40~60 cm,占地 1~2 m²,有时土丘相互连接,可使栖息地微地形发生改变。

(3)食性。大沙鼠为植食性动物,食谱达 40 多种,主要有梭梭、猪毛菜、琵琶柴、盐爪爪、白刺、假木贼、锦鸡儿、芦苇等。冬季主要依靠夏、秋季的贮粮越冬,也采食种子和植物茎皮。大沙鼠不喝水,完全依赖食物中的水分维持生命。

3. 栖息环境

大沙鼠栖息在海拔 900 m 以下的沙土荒漠、黏土荒漠和石砾荒漠地区,选择具有固沙植物梭梭、怪柳、盐爪爪、白刺等灌木丛的环境作为栖息位点。

4. 生长繁殖

大沙鼠每年 4~9 月份繁殖,高峰期在 5~7 月份。年产 2~3 胎,妊娠期为 22～25 天,胎产 1～12 只仔,多为 5～6 只仔。春季出生的雌鼠当年可参与繁殖。幼鼠在母鼠洞内越冬,翌年春季分居并开始繁殖。

5. 种群分布

分布于阿富汗、中国、伊朗、哈萨克斯坦、吉尔吉斯斯坦、蒙古、巴基斯坦、塔吉克斯坦、土库曼斯坦、乌兹别克斯坦。

中国分布在内蒙古、甘肃、新疆地区,具有 8 个亚种。

种群分布不零散。该种虽然在戈壁沙漠很常见,但目前没有具体种群数据,其种群数量趋于稳定。

在中国,大沙鼠的数量变化常与食物有关,在荒漠中植物的生长状况又与前一年 10 月份至当年 5 月份的降水量有密切关系,而大沙鼠的数量与这一时期的降水量成正比。因此,可根据这一时期的降水量来预测大沙鼠的数量变化。

6.1.11　棕背䶄

拉丁学名:*Myodes rufocanus*。

别称:红毛耗子。

界:动物界。

门:脊索动物门。

纲:哺乳纲。

目:啮齿目。

科:仓鼠科。

属:䶄属。

种:棕背䶄。

分布区域:亚欧大陆,如中国(黑龙江、新疆)、芬兰、日本(北海道)、朝鲜、蒙古、挪威、俄罗斯、瑞典。

1. 形态特征

(1)外形。棕背䶄的体型较粗胖,体长约 100 mm。耳较大,且大部分隐于毛中。四肢短小,毛长而蓬松。后足长 18～20 mm,蹠下被毛,足垫 6 个。尾约为体长的 1/3,尾毛较短,与红背䶄的粗尾相比明显较为纤细(图 6-11)。

图 6-11　棕 背 䶄

（2）毛色。棕背䶄额、颈、背至臀部均为红棕色,毛基灰黑色,毛尖红棕色。体侧灰黄色。背及体侧均杂有少数黑毛。吻端至眼前为灰褐色。腹毛污白色。颏和四肢内侧毛色较灰,腹部中央略微发黄。尾的上面与背色相同,下面灰白色。冬毛和夏毛的颜色相似,但有的个体变异呈褐棕色。幼鼠毛色普遍较深。

（3）头骨。棕背䶄头骨较粗短,颅全长一般超过 25 mm。鼻骨短,后端很窄。眶尖中央有一下陷纵沟可与红背䶄相区别。眶后突也比红背䶄明显。顶间骨狭长,中间部向前突出。腭骨后缘中央无下伸的 2 条小骨。颧弓中央部分明显增宽,与红背䶄迥然不同。

（4）牙齿。棕背䶄臼齿比红背䶄略大,第一、第二上臼齿各有 5 个封闭的三角形;第三上臼齿有 4 个,但最后一个齿叶常与前方的三角形相通,并向后稍微突出,故内、外侧各构成 3 个突出角,此点可与红背䶄相区别。棕背䶄的臼齿在幼年无齿根。

2. 生活习性

（1）活动。棕背䶄夜间活动频繁,白天也偶有所见,不冬眠,居住在林内的枯枝落叶层中,在树根处或倒木旁经常能发现其洞口,有时还利用腐烂的树干洞作巢。冬季在雪层下活动,在雪面上有洞口,雪层中有纵横交错的洞道。

（2）食性。棕背䶄属杂食性,除植物外还采食小型动物和昆虫,其食性存在着明显的季节变化。春、夏两季,棕背鼠平最喜食植物的绿色鲜嫩部位。此外,对纤维成分较高的植物,如胡枝子、北悬钩子的茎叶也都喜食。在早春季节,棕背䶄还喜欢采食一些小型动物,如蛙类和鞘翅目的某些昆虫。入秋以后,棕背䶄所喜食的植物绿色部分大多枯萎或枯黄,纤维化程度加大。因此,它们除采食一些残余的绿色部分外,多改变为采食营养成分较高的植物种子。冬季及早春除了吃种子以外,还往往啃食树皮。采食时常攀登小枝啃食树皮和植物的绿色部分,有时还把种子等食物拖入洞中。

3. 栖息环境

棕背䴕是典型的森林鼠类之一,栖息于针阔混交林、阔叶疏林、杨桦林、落叶松林、栎林、沿河林、台地森林及坡地林缘等生境中。

4. 生长繁殖

棕背䴕一般4～5月份开始繁殖,5～7月份为繁殖高峰期。年产2～4胎,每胎产4～13只,平均6～8只。在中国东北柴河地区,3月份开始交配,4～6月份约有80%～90%的雌鼠妊娠。到4月下旬约有一大半进入第二次繁殖,一小半进入第三次繁殖,到6月份就出现进入第四次繁殖期的个体。在一般情况下,4月份开始繁殖,5～6月份繁殖力最高,到8月份繁殖基本停止,9月份仅能发现极少数的妊娠鼠,春季出生的幼鼠能在当年参加繁殖。因此,在棕背䴕的种群中,5月份以前以隔年鼠为主体,7月份则以当年鼠为主体,9～10月份几乎全是当年鼠。

5. 种群分布

种群分布不零散。该种在芬诺斯堪迪亚地区北部和俄罗斯北部很常见,但1985年左右以来,其数量一直在下降,而且整体种群数量也呈下降趋势。

在中国,棕背䴕全年数量季节消长为单峰型,8月份数量最高,数量年度变化明显,同地块不同年份相同日期调查数量差距可达4倍。

6.1.12 黑线毛足鼠

拉丁学名:*Phodopus sungorus*。

别称:准噶尔毛足鼠、毛脚鼠、小白鼠、松江毛蹠鼠。

门:脊索动物门。

纲:哺乳纲。

目:啮齿目。

科:仓鼠科。

属:毛足鼠属。

种:黑线毛足鼠。

分布区域:中国、哈萨克斯坦、俄罗斯。

1. 形态特征

（1）外形。黑线毛足鼠是仓鼠亚科中的小型种类。体长 75～100 mm，极少达 110 mm。吻短阔，口裂较小，耳圆而明显，露出毛外。四肢和尾均短小，尾长一般短于耳长，为体长的 1/10～1/8。掌、蹠及指趾的背腹面均被白色长毛，掌垫隐而不见（图 6-12）。

图 6-12　黑线毛足鼠

（2）毛色。黑线毛足鼠体背自吻至体后端为灰棕色。幼年个体灰色稍显而成年个体显棕色。鼻额部颜色稍浅。沿背中线有一条棕黑色条纹，成年个体条纹的棕色较重。条纹在两肩之后尤为明显。背毛基部深灰色，约占毛长的 2/3。端部棕色，毛尖部棕黑色，具长出一般背毛的黑色长毛。身体腹面从颏、喉至胸腹部均为灰白色，毛基深灰色，约占毛长的 1/3。毛尖污白色。体侧背腹毛之间有明显的界线，形成 3 个大的波纹。腹侧的灰白色毛向背侧方突入，形成基部连续的 3 块灰白色斑。前肢前上方为第一块白斑，第二块白斑在身体中部，第三块白斑位于后肢的前上方。另外，在尾基两侧各具一小型灰白斑。在各斑块的上缘与背毛交界处形成波状棕黄色界线。尾背面灰棕色，端部污白色，与腹面相同。

（3）头骨。黑线毛足鼠头骨较狭长，脑颅较圆，背腹稍扁。脑颅背方由前向后渐倾斜向下。额骨和鼻骨自后向前渐倾斜。上颌骨的颧突较宽，成三角形板状。鳞骨颧突较小，颧骨较细。颧弓从前向后下方倾斜，至鳞骨颧突向上弯曲。鼻骨后部及额骨前部中央向下凹陷，形成一浅纵沟。顶间骨较大，呈三角形，位于脑颅中央后方。成年以上个体枕骨中央纵脊较明显。门齿孔较长，其后缘接近臼齿前方。听泡隆起较明显。

（4）牙齿。黑线毛足鼠臼齿具 2 纵列齿突。M^1 具 3 对齿突，第一对齿突间距离较近。M^2 具 2 对齿突，第二对齿突的外侧前方具一尖形小凸起，凸起略低于第一对齿突,随年龄的增大而被磨失。M^3 具 2 对齿突,最后一对齿突外侧略低,与内侧齿突相连。磨损后,外齿突不明显而使 M^3 具 3 个齿突。老年个体整个牙齿中央呈一凹陷。下颌臼齿与上颌相似,第一臼齿的最前一对齿突相距较近,其他臼齿与上颌臼齿相似。下颌骨的冠状突向内侧方弯曲。

2. 生活习性

(1)活动。黑线毛足鼠夜间活动,黄昏后出洞,日出前停止地面活动。在傍晚和佛晓活动最为频繁。常沿一定路线活动,活动范围较小,一般在几十米之内,最多也不过百米。生性胆怯,遇有惊扰,迅速窜入草丛躲藏。过一段时间,视已无危险时,再小心地返回原处。耐寒力较强,冬季仍可见在傍晚出洞活动。

(2)巢穴。黑线毛足鼠洞穴浅,构造简单。常筑于沙丘的斜坡上,洞道和巢室距地面较浅。洞道短,末端为巢室和仓库等。洞口 1～3 个,多的有 5 个。洞径约 30 mm。有进洞后堵塞洞口的习性。

(3)食性。黑线毛足鼠以植物为食,春季挖食草根,夏季啃食植物的叶茎,冬季则以植物种子和贮藏的种子为食物。夏秋季也捕食些昆虫。

3. 栖息环境

黑线毛足鼠栖息于干旱的草原和荒漠草原。喜干燥环境,常选择植被稀疏的沙地、锦鸡儿灌丛化的草场、干枯的河床沿岸等处作为栖息位点。

4. 生长繁殖

黑线毛足鼠春夏季繁殖,自然条件下在 4～9 月份,而人工饲养条件下 2～11 月份均可繁殖。一年可产 2～3 窝,夏季妊娠率最高。每窝产 4～6 只,最多可达 9 只。妊娠期 18～19 天。寿命 1～2 年。

5. 种群分布

种群分布不零散。目前没有具体种群数量信息,趋势也未知。该种目前面临的主要威胁可能是栖息地面积的减少。

根据中国内蒙古地区资料显示,在荒漠草原,该种的数量约占夜间活动鼠类总捕数的 15%;而在干旱草原则占 2.6% 左右。种群数量的变化:春季(3～4 月份)最低,以后逐月增高,8 月份略有下降,秋季 9 月份最高。

6.1.13 大仓鼠

拉丁学名:*Tscherskia triton*。

别称:大腮鼠、灰仓鼠。

界:动物界。

门:脊索动物门。

纲:哺乳纲。

目:啮齿目。

科:仓鼠科。

属:仓鼠属。

种:大仓鼠。

分布区域:中国长江以北地区、俄罗斯乌苏里地区、蒙古、朝鲜。

1. 外形特征

(1)外形。大仓鼠是鼠类形态特征中体形较大的一种,体长140～200 mm。外形与褐家鼠的幼体较相似,尾短小,长度不超过体长的1/2。头钝圆,具颊囊。耳短而圆,具很窄的白边。乳头4对(图6-13)。

图6-13 大仓鼠

(2)毛色。背部毛色多呈深灰色,体侧较淡,背面中央无黑色条纹。腹面与前后肢的内侧均为白色。耳的内外侧均被棕褐色短毛,边缘灰白色短毛形成一淡色窄边。尾毛上、下均呈暗色,尾尖白色。后脚背面为纯白色。幼体毛色深,几乎呈纯黑灰色。

(3)头骨。大仓鼠头骨粗大,棱角相当明显。顶骨前外角略向前伸,但不如黑线仓鼠的明显。顶间骨很大,近乎长方形。在前颌骨两侧,上门齿根形成了凸起,可清楚地看到门齿齿根伸至前颌骨与上颌骨的缝合线附近。听泡凸起,其前内角与翼骨凸起相接。2个听泡的间距与翼骨间宽相等。

(4)牙齿。牙齿结构与黑线仓鼠的牙齿基本相同。只是上颌第三臼齿咀嚼面上仅具3个齿突,下颌第三臼齿有4个齿尖,内侧的一个很小。

2. 生活习性

(1)活动。大仓鼠性凶猛好斗,营独居生活,属于夜间活动类型。一般是18~24时活动最多,次晨4~6时活动停止。春天气温平均10~15℃开始出来活动,在20~25℃时活动频繁。冬天出洞较少,只在洞口附近活动。低于10℃或高于30℃,它的活动就要受影响。秋天为了贮存过冬食物,用颊囊搬运种子,活动频繁,没有冬眠习惯。阴雨天活动减少。活动范围多在25~44 m,有时可达500~1 000 m。个别的进入人的住宅中。

(2)巢穴。大仓鼠的洞穴结构比较复杂,有洞、洞道、仓库和巢室。一般有1个与地面垂直的洞口,另外还有3个斜滑口。地表上常有浮土堵塞,称暗洞,建筑在隐蔽处,略高于地表灼圆形土丘,明洞为鼠的进出口,建筑在稍高的向阳处,洞口光滑,无遮盖物。垂直洞洞深为40~60 cm,然后转为与地面平行的水平通道。巢室1~2个,位置离地面1 m以下的不冻土层壁,内有杂草、谷叶,做产仔和居住之用。粮仓2~3个,短径7~10 cm,长径35~140 cm。

(3)食性。大仓鼠食性杂,喜食植物种子、草籽等。食物种类随环境不同而有变化,诸如大豆、玉米、小麦、燕麦、马铃薯和向日葵等。同时,也吃一些昆虫和植物的绿色部分,特别于春季,吃植物的绿色部分较多。秋季贮粮甚多,分类加以贮藏。

3. 栖息环境

大仓鼠喜居在干旱地区,如土壤疏松的耕地、距水较远和高于水源的农田、菜园、山坡、荒地等处。也有少数栖居在住宅和仓房内。

4. 生长繁殖

大仓鼠繁殖力很强,一般3月初开始交尾繁殖,至10月底结束,1年产3~5胎,每胎4~14只,平均7~9只。妊娠期22天左右,东北地区于4月底可见第一窝幼仔。幼鼠2.5月龄即可达性成熟。母鼠在哺乳期有堵塞洞口现象。

6.1.14 灰仓鼠

拉丁学名:*Cricetulus migratorius*。

别称:仓鼠、搬仓。

界:动物界。

门:脊索动物门。

纲:哺乳纲。

目:啮齿目。

科:仓鼠科。

属:仓鼠属。

种:灰仓鼠。

分布区域:分布于阿富汗、阿塞拜疆、保加利亚、中国、印度、伊朗、伊拉克、以色列、约旦、哈萨克斯坦、黎巴嫩、摩尔多瓦、蒙古国、巴基斯坦、罗马尼亚、俄罗斯、叙利亚、土耳其、乌克兰。在希腊可能灭绝。中国分布在西北地区。

1. 形态特征

(1)外形。灰仓鼠身体中等大小,体长最大可达 120 mm。体较粗壮。尾较长,尾长大于后足长,约为体长的 30%。吻钝,耳圆(图 6-14)。

图 6-14 灰仓鼠

(2)毛色。灰仓鼠夏毛体背部呈黑灰色,幼体灰色较重,老年个体带有沙黄色。个体越老,沙黄色越浓。背部毛的毛基深灰色,灰色毛基约占毛全长 4/5。幼年个体毛尖灰褐色,老年个体毛尖带有黄褐色。背毛中混有稀而细长的全黑灰色毛。背中央黑灰色较浓,体侧黑灰而沾褐色,头背面与体背色相同,但毛较短,灰色毛基占毛长的 1/2。腹面浅灰白色,颏、喉、前胸部和鼠蹊部内侧的毛为纯白色。腹面其他部分的毛基浅灰色,约占毛长的

2/3。体侧面的白色毛毛基灰色较深而长,约占毛长的1/2。背腹两色在体侧的界线分明。背面颜色在前肢、后肢外侧部向下延伸,使前后肢外侧与背同色。前肢向下延伸部色浅淡,至前臂处,接近腹面颜色。腹侧中部腹面灰白色向背方突入。四足的背面均被白色短毛,掌裸露。耳的背面基部具棕色细毛,幼体显灰色。耳廓内部皮肤黑灰色而具稀疏细的白毛,一般不超过耳缘。耳缘具狭窄的灰白色短毛边。尾毛上、下两色,背面为灰褐色,腹面淡灰白色,而使尾上、下色不同,少数个体上、下均为灰白色。

(3)头骨。灰仓鼠头骨整体轮廓窄而长。鼻骨较长,后端显宽,不呈尖形,与额骨接缝齐而平。两块额骨在眶部隆起,上颌骨的背方也隆起,使头骨眶部中央呈一纵向凹陷。眶上嵴不明显,眶间较平坦,眶间宽较小。脑颅显前后稍长的圆形,后头部则显狭窄,顶骨部稍隆起。顶骨前方外侧角较钝,向前伸不达眶后缘。顶间骨较大,近三角形,突入顶骨的尖角为钝角。枕骨向后突。枕髁基本与枕骨后缘平齐。颧弓前后较直,与头骨平行,颧弓较细。门齿孔狭长,其后缘不达第一臼齿前缘连线。翼窝几乎达白齿后缘连线。听泡较大而隆起,前端尖,伸达翼窝,后端钝圆。

(4)牙齿。灰仓鼠门齿细长。上白齿具2纵列齿突。M^1呈前后向的长方形,具3对齿突。M^2方形,具2对齿突。M^3虽也具2对齿突,但第一对非常明显,而最后一对齿突内侧者发达,外侧齿突却低而小,使M^3呈近三角形。经磨损后,M^3后端形成一三角形凹陷。下颌3枚白齿,M^1近长方形,具3对齿突,其第一对较向中央靠近。M^2方形,具2对齿突。M^3具2对齿突,最后一对外侧者发达,内侧者小。两纵列齿突,内侧齿突稍靠前。

2. 生活习性

(1)活动。灰仓鼠活动能力强,昼夜均可活动,但以夜间活动为主,特别是黄昏和黎明最为活跃。活动范围较小,一般不超过其栖息生境。单独活动,不冬眠,冬季多在雪下活动。

(2)巢穴。灰仓鼠打洞穴居,洞道比较简单。在大块砾石、倒木和其他天然掩蔽物下筑巢,在农区则喜于地埂、土丘、谷垛草堆等处打洞筑巢。城镇居民区还可营巢于建筑物和家舍之中。洞口常开在阴暗之处,一般有2~3个出口,1个或2个巢室和数个仓库。洞径2~4 cm,洞道垂直深入地下,至一定深度后,改为平行洞道,最深处约1 m。洞系占地约2 m^2(赵肯堂,1981)。鼠洞分散,不似沙鼠类洞穴成群。

(3)食性。灰仓鼠食性复杂,食物包括各种农作物种子和茎叶以及野生的各种植物和昆虫,软体动物(鳞翅目的幼虫)等。喜欢储粮,其窝内可储存数百克的食物。夹囊一次就可搬运种子如向日葵籽 40 多粒。

3. 栖息环境

灰仓鼠栖息范围甚广,从荒漠平原、半荒漠平原、低山丘陵草原、山地草原、山地森林草原,一直上升到亚高山草甸,甚至海拔 3 000 m 以上的高山草甸。山地多选择灌木草地、林缘、苗园、河谷及山坡砾石堆,以及临时性土木建筑物和牲畜棚圈内或住宅作为栖息位点;平原区则选择农田、渠岸、林带、休耕地、坟堆、田埂等地作为栖息位点。

4. 生长繁殖

灰仓鼠繁殖能力强,1 年可繁殖多达 3 次。繁殖期在 3～9 月份,繁殖高峰为 6～7 月份。通常每胎产仔 5～8 只,最多可达 13 只。幼仔 3 周左右离洞开始单独活动,并于当年秋天加入繁殖种群。

5. 种群分布

种群分布不零散。在高加索山脉和中亚地区适宜灰仓鼠生活的栖息地很常见,在亚美尼亚和吉尔吉斯斯坦甚至比小家鼠数量更多。然而,在其他地区(如巴尔干半岛)种群则很稀少。其种群数量趋势未知。

在中国灰仓鼠种群基数比较稳定。

6.1.15　普通田鼠

拉丁学名:*Microtus arvalis*。
界:动物界。
门:脊索动物门。
纲:哺乳纲。
目:啮齿目。
科:仓鼠科。
属:毛足田鼠属。
种:普通田鼠。
分布区域:中国、俄罗斯以及欧洲大部。

1. 形态特征

(1)外形。普通田鼠体长约 137 mm,尾长小于体长一半,约占体长的 30%～40%。尾外被以稀疏短毛,四肢短小,后足长约 13 mm,后足具趾垫 6 个(图 6-15)。

图 6-15　普遍田鼠

(2)毛色。体背黄褐色或深棕灰色,毛基灰黑色,毛尖棕黑色,体两侧毛色稍淡;腹面毛色污白沾乳黄色,毛基深灰色,毛尖白色;体侧与腹面毛分界较清楚;头部至臀部为纯黑褐色;后足上面黑棕色,且覆霜样毛尖;尾上、下两色,上面纯黑色,下面灰白色沾黄色,且较腹部毛色浅。冬毛颜色较浅淡,有少数个体背部为淡栗棕色,腹毛灰白色,不具乳黄色调。

(3)头骨。头骨形短较纤细,棱角不明显,颅全长在 28 mm 左右,脑颅圆形,并呈明显的突出;腭骨后缘不直,中央有一条与翼窝两侧相连的骨质棘;眶间较宽大,约 3.7 mm,眶间纵脊不明显,但在老年个体上明显地存在,腭后窝较浅;颧宽约 14 mm,为颅全长的一半左右,齿隙 8.3 mm 左右,超过上臼齿列长。

大小量度:体长 95～130 mm;尾长 20～38 mm,后足长 12.2～17.4 mm;体重 25～30 g。颅长 24～29 mm,宽 13.9～16 mm;乳突宽 12.5～13 mm;眶间宽 3.5～3.9 mm;鼻骨长 6.5～7.5 mm;听泡长 8～9.2 mm;上颊齿列长 5.4～6.5 mm。

颅骨的眶间部中间有纵脊;颧弧中部最宽。前颌骨后端略超出鼻骨。染色体数:$2n=46$。

(4)牙齿。第一上臼齿在横叶之后有 4 个闭合三角形。第二上臼齿在横叶后只有 3 个闭合三角形。第三下臼齿包含 3 个向内斜的横叶。乳头胸部 2 对,鼠蹊部 2 对。

2. 生活习性

(1)活动。在普通田鼠主要栖息区额敏河左岸巴尔鲁克山的山前地带,可见地面巢 26～30 个/km。营昼夜活动生活方式。

(2)巢穴。普通田鼠性喜潮湿,挖洞穴居,单居住或营群体生活。洞穴多呈洞群分布。洞道较浅,距地面仅 20～30 cm,但分支和盲端较多。每一洞群的洞口多为 5～10 个。冬季,普通田鼠在雪被之下挖掘通道觅食,并在雪下营建巢窝。雪下巢呈半圆形,直径 10～15 cm。这种巢于覆雪消融后即暴露在地面上。

（3）食性。普通田鼠主要食取禾本科植物和豆科植物的绿色部分,冬季在洞内储藏干草。

3. 栖息环境

栖息于近河流的草甸。洞道较浅,但分支多。昼夜活动。食植物绿色部分和地下部分。在中国新疆境内栖息于海拔 2300 m 以下的山地森林草甸草原、山地草原及山前平原和谷地。避开干旱的荒漠地带。其适宜生境,在山地为针叶阔叶林中的杂草丛生的沟谷和山间无林盆地中的坡地,以及低山带的半灌木草丛。平原区的普通田鼠喜栖息于山前牧场、河溪泛滥地、潮湿的杂草草甸、林带、休耕地、田间草地和渠岸等处。夏、秋季节多侵入农田。秋、冬时节常迁入居民点的打谷场,集居在草堆和谷垛内,偶可见于住宅和仓库内。

4. 生长繁殖

1 年繁殖 3～4 次,妊娠鼠胚胎数 2～8 个,平均 4.8 个。幼鼠当年即可达性成熟,并参与繁殖。

5. 种群分布

分布于亚美尼亚、安道尔、奥地利、阿塞拜疆、白俄罗斯、比利时、波斯尼亚和黑塞哥维那、保加利亚、中国、克罗地亚、捷克、丹麦、爱沙尼亚、芬兰、法国、格鲁吉亚、德国、匈牙利、伊朗、意大利、哈萨克斯坦、拉脱维亚、列支敦士登、立陶宛、卢森堡、北马其顿共和国、摩尔多瓦、蒙古、黑山、荷兰、波兰、葡萄牙、罗马尼亚、俄罗斯、塞尔维亚、斯洛伐克、斯洛文尼亚、西班牙、瑞士、乌克兰。共 7 个亚种。

6. 保护级别

该物种列入《世界自然保护联盟（IUCN）2013 年濒危物种红色名录》ver3.1——易危（VU）。

已被列入中国国家林业局 2000 年 8 月 1 日发布的《国家保护的有益的或者有重要经济、科学研究价值的陆生野生动物名录》。

6.1.16 布氏田鼠

拉丁学名:*Lasiopodomys brandtii*。

别称:沙黄田鼠、草原田鼠、白兰其田鼠、布兰德特田鼠。

界:动物界。

门:脊索动物门。

纲:哺乳纲。

目:啮齿目。

科:仓鼠科。

属:毛足田鼠属。

种:布氏田鼠。

分布区域:中国、蒙古、俄罗斯。

1. 形态特征

(1)外形。布氏田鼠体长 123(95～201) mm,体形颇似鼩属(*Clerkri-onmys*)。毛相当粗硬,较短,背毛长通常短于 10 mm。尾巴相当短,尾长平均 25(18～32) mm,占体长的 20%,尾上覆盖着一层直硬的毛。耳朵短,耳长 11(9～14) mm,几乎完全隐藏在 10 mm 左右长的被毛中。前足明显短于后足,前足有利爪,并不太长。前足 4 指,后足 5 趾。乳头 8 个,胸部 2 对,鼠蹊 2 对(图 6-16)。

图 6-16　布氏田鼠(迟庆生摄)

(2)毛色。布氏田鼠背毛沙黄色。针毛基部黑褐色,毛尖灰黄色,夹杂着稀疏的长毛。头部的毛色与背色相同,但眼睛周围毛色鲜艳,呈浅灰赭色,形成一个显著的环。耳壳开口处有浅黄色的长毛,覆盖着耳孔,这可以看作是对于半穴居生活的适应,保护耳孔。腹毛淡黄色,与背毛的毛色接近,色差极小。尾端有长的笔毛。前后脚背面浅灰黄色。蹠垫 5 个,极小,聚集在一起,部分被细毛所覆盖,后脚除蹠垫部分外,足趾及蹠部后 1/2 脚掌均有淡灰黄色的细毛。

（3）头骨。布氏田鼠头骨相对比较粗硕,棱角鲜明。左右眶上嵴发达,在眶间部分愈合,成为一个十分明显的眶间嵴。眶后部鳞突明显。顶间骨左右横宽,几乎达整个后头宽,前后纵长短不及横宽的 1/2,但其前缘的中央有一个尖突。颅室顶部方形。人字嵴发达。吻部细。门齿孔较大。颧宽占颅全长的 58%。颧弓向外扩展,轭骨宽。腭骨表面有 2 条明显的纵沟,上端接门齿孔的下缘,下端已接近腭骨的后缘。腭骨后缘中央有典型的骨桥,骨桥两侧的侧窝明显。听泡较大,里面有海绵状的骨质填充。乳突向两侧突伸。下颌齿骨宽,冠状突小,稍向后倾斜。关节突长,明显向后倾斜。咬肌窝浅,角突向外突伸。

（4）牙齿。布氏田鼠上门齿近乎垂直,齿面有极浅的齿沟痕迹。第一上臼齿顶端的倒置三角形状的齿环稍向外侧倾斜,下面有 4 个交错排列的封闭三角形,外侧 2 个,内侧 2 个。此臼齿外侧有 3 个突角,内侧有 3 个突角。第二上臼齿顶端横齿环呈倒置三角形状。下面有 3 个交错排列的封闭的三角形,外侧有 2 个,内侧有 1 个。此臼齿外侧有 3 个突角,内侧有 2 个突角。第三个白齿如前所述,比较特异。前端倒置三角形的齿环下面有 2 个交错排列的封闭三角形,内外侧各 1 个。外侧另一个三角形不封闭,与最末端斜置的长方形齿环愈合,形成一个"Y"字形齿环,其内臂比外臂稍大。有个别个体外侧另一个三角形封闭,使"Y"字形的外臂断裂开,形成末端斜置的长方形封闭齿环。第一下白齿后横齿环前面有 5 个交错排列的封闭三角形,外侧 2 个,内侧 3 个,顶端齿环为斜置的略呈长方形齿环。此齿环外侧有 4 个突角,内侧有 5 个突角。第二下白齿后横齿环前面有 4 个交错排列的封闭三角形,内侧 2 个,外侧 2 个。此白齿内侧形成 3 个突角,外侧形成 3 个突角。第三下白齿由 3 个摆列的横齿环组成。最下面的齿环没有外角,十分特异。此白齿外侧形成 2 个突角,内侧形成 3 个突角。

2. 生活习性

（1）活动。布氏田鼠白天活动。冬、春季中午出洞,夏季则在上、下午温度低时活动频繁,秋季全天活动。在冬季 1～2 月份,一般都将洞口堵塞,躲在洞穴内靠其储粮生活,但在无风晴朗的日子里仍外出活动。春季自 3 月中旬开始,布氏田鼠在地面上的活动迅速增加,活动高峰在上午 11 时至下午 1 时,呈单峰型。活动范围要比其他季节大,最远可达 500 m。全年中以夏季在地表活动的时间最长,超过 15～16 h,出洞早,归洞晚。每天有清早、傍晚两个活动高峰。

（2）巢穴。布氏田鼠挖洞能力强,洞系复杂,大体上可以区分为 3 种类型,即越冬洞、夏季洞和临时洞。临时洞的结构十分简单,一般只有 2 个洞口,洞口之间有 1~3 m 长的洞道。夏季洞多为新挖掘的洞系,无仓库;巢室较小,最大的为 17 cm×17 cm×23 cm;厕所也不明显,通常有 3~10 个洞口,洞道总长度为 4~11 m。越冬洞均为使用 1 年以上的洞系,结构最为复杂。每个洞系通常有洞口 8~16 个,有时可达数十个,洞口之间有跑道相连。越冬洞的地下部分有巢室、仓库、厕所等,各部之间有纵横交错的地下洞道贯通。大部分洞道都分布在距地面垂直深度 12~22 cm 处,以 17~40 cm 的斜行洞道开口到地面。洞道和洞口的直径为 4~5 cm。有时上行洞道靠近地面时形成盲端。每个洞系通常只有 1 个主要巢室,有时可达 4 个。巢室通常是洞系最深的部分,其顶部距地面的垂直深度一般为 29~37 cm;筑巢材料以多根葱最为常见,并杂有隐子草等植物。通向巢室的地下洞道少则 4~5 条,多则 10 多条不等。此外,在同一个洞系中,除巢室外,在洞道的交叉处,尚可发现有膨大部分,里面也有垫草,但其容积却远比越冬巢小。每个越冬洞系一般有 1 个或 2 个仓库,多至 4~5 个;仓库大多呈不规则长形,位于洞系的边缘,仓库的跨度较大,而且顶盖又薄,因此容易被牧畜踏陷。尤其在乘骑奔跑的时候,猛然陷入,往往造成人畜伤亡事故。此外,在洞系中尚可发现数处堆有鼠粪的厕所。

1 只布氏田鼠可能同时使用几个至十几个洞口,一个洞口也可以先后被几只鼠所使用,使用的洞口数与繁殖有关。在交尾盛期,雄鼠使用的洞口数比雌鼠多,雄鼠平均为 11.3 个,而雌鼠平均 6.7 个,约为雄鼠的一半。随着交尾活动的减弱,差异逐渐缩小。6 月份,二者使用的洞口数已趋近相等。成年雌鼠使用的洞口数,5~6 月份较少,7 月份最多,8 月份又下降。这种变化可能与母体哺乳有关。成年雄鼠与雌体不同,雄鼠在挖掘活动和交尾盛期的 5 月份使用的洞口数最多,6 月份下降。当年生幼鼠初到地面活动时,使用的洞口数很少,随着鼠体的生长、发育,使用的洞口数急剧增加,8 月份已接近成体。

(3)食性。布氏田鼠所吃的食物,46%是羊草,其他 8%~19%是冷蒿、寸草台、多根葱及针茅。体重 42~55 g 的成体,夏季鲜草日食量为 38 g,若折合成干草,约 14.5 g。布氏田鼠不冬眠,有秋季储食习惯。约在 8 月下旬或 9 月初开始储粮。储粮时,鼠类要清理旧仓库或挖掘新仓库,洞群上开始出现新的松土和霉烂草屑等。鼠类的衔草活动,显得越来越频繁,此时的跑道也变得更为清晰可辨。仓库中的储粮,一般都分门别类堆放,比较整齐,每个洞系中的总储粮量可达 10 kg 以上。

3. 栖息环境

布氏田鼠主要栖息于北温带的针茅草原,尤喜选择具有冷蒿、多根葱、隐子草的环境作为栖息位点。

4. 生长繁殖

布氏田鼠性成熟早,1月龄即达到性成熟。首次产仔一般在2月龄。繁殖能力强,繁殖期为3~8月份,月平均温度在10℃以上时开始繁殖,而秋季月平均温度低于10℃时停止繁殖。1年繁殖2~3胎,每胎产仔2~15只,平均7~8只。繁殖期集中在春季,春季怀胎以8~10只者最多,夏季则以7~9只者最多。

布氏田鼠的胎盘斑只能保留2.5个月,动情周期的持续时间以6月份、7月份较为稳定,7月份以后动情期普遍增长,有的鼠竟长达32 d。在室内笼饲条件下,田鼠分娩后1周左右开始动情。雌、雄交配行为大多发生在4~6时,在洞外进行,历时1~4 min;在繁殖季节中,以4~5月份交配活动最为频繁。布氏田鼠的排卵很可能属于非自发性排卵类型。布氏田鼠寿命约为1年。

5. 种群分布

分布于中国、蒙古、俄罗斯(外贝加尔地区)。

在中国集中分布于大兴安岭以西和集二线铁路以东的地区。大兴安岭的台地羽茅草原也有少量分布,成为中国境内的一个隔离分布区。限制该鼠向东扩散的主要因素是植被环境,限制向西扩散的主要因素是水热条件,即主要分布在内蒙古中部和东部满洲里、吉林中部平原、河北商都和新疆康西瓦。

布氏田鼠种群数量有明显的年度变化,大约每12年有一次明显的数量大变动。数量高的年份,分布极广泛。不仅密度高,而且分布连成片。分布范围扩展到条件较差的生境,几乎占据了所有类型的生境,包括居民区。数量密集的地段,每公顷可达2 000~3 000个洞口。数量下降的年份则分布集中在极少数最适生境中。

6.1.17　棕色田鼠

拉丁学名:*Lasiopodomys mandarinus*。

别称:地老鼠。

界:动物界。

门:脊索动物门。

纲:哺乳纲。

目:啮齿目。

科：仓鼠科。

属：毛足田鼠属。

种：棕色田鼠。

分布区域：中国、朝鲜、蒙古、韩国、俄罗斯。中国分布在内蒙古、河北、山西、陕西、河南、安徽和江苏等省、自治区，以长江为南限。

1. 形态特征

(1)外形。棕色田鼠身体短粗。两眼小，相距较近。耳壳短而圆，被毛所掩盖。尾短，长约 15～30 mm。前肢爪比后肢爪稍长(图 6-17)。口两边具有皮褶，可将上门齿和口隔开，使上门齿保持在口外，在掘土和啃啮植物地下根茎的时候有阻止沙土进入口腔的作用。左、右颊内各有一撮辅助阻挡非食物进入口腔的毛。乳头 2 对，位于鼠鼷部。

图 6-17　棕色田鼠

(2)毛色。棕色田鼠体背毛呈黄褐色至棕褐色。毛基黑色，毛尖棕褐色。体侧毛色较浅。腹面毛基灰色或暗灰色，毛尖土黄色。尾二色同背腹色接近。

(3)头骨。棕色田鼠头骨轮廓平扁宽阔，顶部平直，仅吻部略为下弯。眶间宽较窄，老年个体眶间背面中央有纵脊。顶间骨长方形。颧弓发达，向外扩展。颧宽为颅长的 60% 左右。颧弓前后部等宽。腭骨后缘正中部向后延伸成骨桥状，连接于翼间窝的前缘，并在两侧各有一小侧窝。

(4)牙齿。棕色田鼠的门齿甚为发达，特别是下门齿。门齿孔后端不达第一上臼齿前缘水平的连线。第一上臼齿具有较大的前横叶，其后是内外交错的各两个闭合三角形叶。第二上臼齿横叶之后外侧呈 2 个三角形、内侧 1 个三角形叶。第三上臼齿横叶由较小的外侧叶和较大的内侧叶及最后的尾叶组成。下颌第一臼齿后横叶前 3 个内侧叶和 2 个外侧叶闭合三角形,前叶几呈斜四方形,第二下臼齿横叶前具 2 个外侧三角形叶和 2 个内侧三角形叶。

2. 生活习性

(1)活动。棕色田鼠不冬眠,营地下群居生活,较少到地面活动。每个洞系有鼠 5～7 只。棕色田鼠日间活动水平较低,夜晚尤其是凌晨活动频繁。日间,每 2～4 h 有 1 个短时的休息。夏粮成熟至收获后,棕色田鼠大量迁出,部分残存于地埂田边。初冬果园是棕色田鼠越冬的场所。

(2)巢穴。棕色田鼠在土中挖掘洞道和觅食。洞系结构较为复杂,由支道端部露于地面的土丘、风口和地下的取食道、主干道、仓库和主巢等部分组成,洞道交错纵横,长十几米。棕色田鼠善于掘土,并将挖松的土翻堆到洞外地面。一个完整的洞系范围内土丘数一般为 25～38 个,地表土丘半径为 7～20 cm,且分散,不成链状,可与鼢鼠土丘明显区分。

(3)食性。棕色田鼠主食植物的地下部分,如草根及其地下茎,也食植物的地上部分。贮食,食量大。

3. 栖息环境

棕色田鼠栖息于海拔 3 000 m 以下的岩石低地、山地草原和森林草原,一般选取靠水而潮湿的地方作为位栖息位点。

4. 生长繁殖

棕色田鼠全年均可繁殖,1 年繁殖 2～4 窝,胎仔数多为 3～5 只。每年 4 月份、8 月份和 11 月份出现 3 个妊娠高峰,以 4 月份繁殖强度最高。幼鼠 8～10 个月性成熟后,从老巢中分出,另组成新巢穴繁殖后代。

5. 种群分布

种群分布不零散。目前没有该种的数量信息,种群数量趋势也未知。尽管可用的数据不多,但一些人类活动可能对其生存构成威胁。例如,越来越多的放牧导致其栖息地的退化,以及人为可能导致的干旱气候环境等。

6.1.18　根田鼠

拉丁学名:*Microtus oeconomus*。
别称:苔原田鼠。
界:动物界。
门:脊索动物门。

纲：哺乳纲。

目：啮齿目。

科：仓鼠科。

属：毛足田鼠属。

种：根田鼠。

分布区域：分布于奥地利、白俄罗斯、加拿大、捷克、爱沙尼亚、芬兰、德国、匈牙利、哈萨克斯坦、立陶宛、蒙古、荷兰、挪威、波兰、俄罗斯、斯洛伐克、瑞典、乌克兰、美国；中国分布于新疆、青海、陕西、甘肃（甘南及祁连山）地区。

1. 形态特征

（1）外形。根田鼠体型中等大小，较普通田鼠略大而粗壮，体毛蓬松，体长约为 105 mm，后足长 19 mm 左右，尾长不及体长一半，但大于后足长的 1.5 倍（图 6-18）。

图 6-18　根田鼠（孙平摄）

（2）毛色。体背毛深灰褐色乃至黑褐色，沿背中部毛色深褐色；腹毛灰白色或沾淡棕黄色，尾毛双色，上面黑色，下面灰白色或淡黄色；四肢外侧及足背为灰褐色，四肢内侧色同腹部。

（3）头骨。头骨较宽大，颅全长约 26 mm，颧骨相当宽大，颧宽约 14 mm，为颅全长的 1/2，眶间较宽大。

（4）牙齿。第二上臼齿内侧有 2 个突出角，外侧有 3 个突出角；第一下臼齿最后横叶之前有 4 个封闭三角形与 1 个前叶；上齿列长约 6.8 mm，短于齿隙之长度。

2. 生活习性

（1）活动。筑洞穴居，洞道较简单，大多为单一洞口。筑窝于草堆、草根、树根之下方。个别个体筑有外窝。野外调查发现，为了规避极端温度环境,根田鼠的活动两个高峰,一个在 8 时～9 时 30 分左右,另外一个在 15 时～16 时左右。

(2)巢穴。对青海门源地区根田鼠巢区的调查发现,越冬雄性根田鼠的巢区为 3300～13000 m²,雌性为 960～2500 m²。同时,根田鼠的个体巢区每月都有重叠,雌雄、成幼逐月重叠程度不同。5～8 月份繁殖时期成年雌鼠的巢区重叠较少,成年雄鼠的巢区彼此重叠面积较大,随着繁殖强度的减弱,其重叠程度也逐渐降低。孙平等(2004)发现,根田鼠巢区的地上部分由跑道和洞口组成,在跑道分岔处类标记强度最高,在洞口处最低,跑道终端处居中。洞口基本上位于整个巢区的核心区域,利用跑道把巢区内的所有洞口连接起来,而跑道终端则位于巢区的外围区域,这样既可以保证自己领域的完整性,又能尽量避免与其他个体之间的直接冲突,保证整个社群的稳定。

(3)食性。以植物的绿色部分为食,冬季挖食植物之根部、块茎幼芽、种子。营昼夜活动之生活方式,天敌主要为鼬类、狐和狼、猛禽类。

3. 栖息环境

海拔 2 000 m 以下的亚高山灌丛、林间隙地、草甸草原、山地草原、沼泽草原等比较潮湿、多水的生境。农田、苗圃绿洲中亦有少量分布。

4. 生长繁殖

于返青期繁殖启动,整个暖季进行繁殖活动,进入冷季繁殖结束。每年繁殖 2～4 次,在祁连山地,于 7～8 月份捕到的成年雌鼠,多数为妊娠个体。每胎通常有 3～6 只仔,平均为 4 只仔。实验室内繁殖的胎仔数为 2～7 只仔,繁殖次数多 3 次左右,很少有 4 次的现象。出生仔重 2 g 左右,生长迅速,20 日龄断奶离巢可以到地面活动。

5. 种群分布

种群分布零散。20 世纪 90 年代,有关根田鼠种群生态学的研究开展较多,种群数量具有年际变化,种群数量的调节受到气候、食物、降水以及天敌等诸多因素的限制。人类活动对其生存也构成威胁,如越来越多的放牧导致其栖息地的退化,以及人为可能导致的干旱气候环境等。同时,还开展了模拟全球变暖对根田鼠种群数量影响的研究。

6.1.19　青海田鼠

拉丁学名:*Lasiopodomys fuscus*。

别称:田鼠。

界:动物界。

门:脊索动物门。

纲:哺乳纲。

目:啮齿目。

科:仓鼠科。

属:毛足田鼠属。

种:青海田鼠。

分布区域:中国青海。

1. 形态特征

(1)外形。青海田鼠体形中等,耳小,尾短,爪强大。吻部短,耳小而圆,其长不及后足长。尾长为体长的 1/4 左右。四肢粗短,爪较强大,适应于挖掘活动(图 6-19)。

图 6-19　青海田鼠

(2)毛色。青海田鼠躯体背毛较长而柔软。鼻端黑褐色。体背毛暗棕灰色,其毛基灰黑色,毛端棕黄色,并混杂有较多黑色长毛。腹面灰黄毛色,毛基灰黑色,毛端淡黄色或土黄色。耳壳后基部具十分明显的棕黄色斑。尾明显二色,上面毛色同体背,下面为沙黄色,尾端具黑褐色毛束。前、后足毛色同体背或稍暗,足掌及趾(指)为明显的黑色。爪黑色或黑褐色。

(3)头骨。青海田鼠头骨较粗壮。上颌骨突出于鼻骨前端,鼻骨前端不甚扩大。眶间部显著狭缩,左、右眶上崎紧相靠近至相互接触。颧弓较粗壮。腭孔明显,较粗大,腭骨后缘有小骨桥与左、右翼骨突相连。

(4)牙齿。青海田鼠上门齿斜向前下方伸出。上、下门齿唇面为黄色或橙黄色,舌面白色。第三上臼齿前叶甚小,其内缘不具凹角。第一下臼齿横叶之前有 4 个封闭的三角形齿环,第五个齿环常与前叶相通。第二下臼齿横叶前第三、第四个三角形齿环常相通。第三下臼齿由 3 个斜列的齿环组成。

2. 生活习性

(1)活动。青海田鼠具群居性,白天活动,但在夜间亦有零散活动。6～8月份的观察结果,其活动呈双峰型,即10时30分～12时30分、16时30分～18时30分。青海田鼠夜间活动频度较低,且以幼体为主。成体与幼体之间的活动频度除12时30分～14时30分、14时30分～16时30分两个时段成体活动强度高于幼体外,其余时段差异不明显。雌、雄性青海田鼠夏、秋季白天活动规律基本相同。

青海田鼠具有较强的迁移习性,迁移距离可达数千米以外,故其栖居地不甚稳定。在其分布地带,有效洞口的数量变动可相差几十至几百倍,这与其经常性的迁居有关。

(2)巢穴。青海田鼠挖洞能力极强,一般能挖40多个洞。洞道离地面10～20 cm,洞口相互连通。洞道分越冬洞、夏季洞和临时洞,越冬洞构成复杂,夏季洞和临时洞构成简单。巢多在仓的附近,巢高一般30 cm,巢顶距地面20～40 cm。青海田鼠种群密度增高以后,其洞系往往连成一片,几乎占到栖息地的所有生境地段,并散发浓烈的腥臭味。

(3)食性。青海田鼠对食物的选择随季节而变化。6月中旬以前喜食委陵菜的根茎;6月中旬以后喜食苔草、嵩草、披碱草、针茅等植物的绿色部分。青海田鼠日食鲜草26～38 g,约为体重的一半。

3. 栖息环境

青海田鼠栖息于海拔3 700～4 800 m的沼泽草甸地带及高山草甸草原、高寒半荒漠草原带,喜选择疏丛型草地及灌丛草地等气候温和、土壤疏松、牧草比较丰茂、具有嵩草、委陵菜、苔草、沙草的草地作为栖息位点。

4. 生长繁殖

4～8月份是青海田鼠的繁殖期。4月中旬妊娠,5月上旬、中旬开始分娩,并一直持续至8月下旬。6月中旬、下旬可见幼鼠在地面活动。胎鼠数分布在3～15只。

5. 种群分布

青海田鼠是中国特有种,仅分布在中国(青海)。种群分布不零散。目前无其种群数量信息,发展趋势也未知。但在中国青海2012年6～8月份调查结果显示,该种种群平均密度为137.00～209.86只/hm²,8月份密度较高,为321只/hm²,6月份为172.25只/hm²,7月份较低,为138只/hm²。

6.1.20　沼泽田鼠

拉丁学名:*Microtus fortis*。
界:动物界。
门:脊索动物门。
纲:哺乳纲。
目:啮齿目。
科:仓鼠科。
属:毛足田鼠属。
种:沼泽田鼠。
分布区域:中国、俄罗斯、蒙古、朝鲜。

1. 形态特征

(1)外形。沼泽田鼠体较大而粗壮,尾较长,接近于体长之半,被有密毛。四肢较短,足背着生密毛,足垫5枚。耳较短圆,稍露于毛被之外(图6-20)。

图 6-20　沼泽田鼠

(2)毛色。沼泽田鼠通体棕褐色,头部、体背部毛色棕褐色,毛基部暗灰色,毛尖棕褐色。体侧毛色稍浅,棕色较浓。腹部毛基暗灰色,毛尖污白色,体侧与腹部界线分明。尾两色,背面几乎与体背部同色,腹面污白色,略带淡棕色,会阴部白色。四足背面毛被暗棕褐色,毛基暗灰色,毛尖褐色,毛色比体背部稍淡,爪污白色。

(3)头骨。沼泽田鼠头骨在田鼠中相对较为细长,棱角也不甚明显,颧弓较细弱也比较狭窄,头骨背面光滑,无明显纵脊,从侧面观头骨背面比较隆起,鼻骨前端较低。

(4)牙齿。沼泽田鼠门齿表面无纵沟,第一上臼齿较大,前齿叶之后有4个封闭的三角形,内、外侧各2个;第二上臼齿有3个封闭的三角形,外侧2个,内侧1个;第三上臼齿有4个,外侧的2个较小,但仍清晰,后齿叶的末端向内弯,故外侧有 3 个突出角,内侧有 4 个突出角。第一下臼齿的前齿叶不规则,其后有 5 个封闭的三角形,外侧 2 个,内侧 3 个;第二下臼齿无前齿叶,仅有后齿叶,其前具 4 个封闭的三角形;第三下臼齿亦无前齿叶,后齿叶之前有 2 个前后排列的封闭三角形。

2. 生活习性

沼泽田鼠挖穴居住,喜欢在台草墩子旁筑洞,以利隐蔽。洞道长 2～3 m,距地面 5～10 cm,洞道构造简单,无分支。洞外来往行径纵横交错,营白昼生活。主要以植物绿色部分为食,亦食部分谷物,还啃食幼树的树皮及植物种子。

3. 栖息环境

沼泽田鼠多栖于森林草甸地带,在山区生活在湿度大、地下水位高的低洼地区,在坡地和林缘地带亦有分布,特别是在荒地草灌和草甸生境数量最多。

4. 生长繁殖

沼泽田鼠春、夏季繁殖,每胎产 5～11 只仔。

5. 种群分布

沼泽田鼠在中国以内分布于东北地区、内蒙古、山西、河北、陕西、新疆、青海、甘肃、宁夏;中国以外分布于俄罗斯西伯利亚南部、蒙古、朝鲜。具有 9 个亚种。

种群分布不零散。暂无具体的种群数量信息,发展趋势也未知。

6.1.21　东方田鼠

拉丁学名:*Microtus fortis*。
别称:沼泽田鼠、远东田鼠、大田鼠。
界:动物界。
门:脊索动物门。
纲:哺乳纲。
目:啮齿目。
科:仓鼠科。
属:毛足田鼠属。
种:东方田鼠。

分布区域:中国、朝鲜、蒙古、俄罗斯。

1. 形态特征

(1)外形。东方田鼠是田鼠类中体形较大的种类。体重平均为 56.29 g,体长平均约 130.41 mm。尾巴也较长,约占体长的 39.15%。尾毛较密。后足也较长,平均约为 21.24 mm,足掌基部有毛着生。后足足垫 5 枚。乳头 4 对(图 6-21)。

图 6-21　东方田鼠

(2)毛色。东方田鼠毛色因亚种不同而有变化。背面毛色有的为黄褐色,有的为褐色,有的为黑褐色。一般从头部到体后部色调基本一致。毛基暗蓝灰色或灰黑色,毛尖黄褐色或褐色。体侧毛色略淡。腹面一般为灰白色,有的为淡黄褐色或灰褐色。前足和后足的背面,毛色基本上与体背相一致,但有的稍浅,尤其是前足。尾毛上下为褐色或深褐色,和体背色泽相同或较深,下方或为灰白色,或为浅黄色,或为淡褐色,比上方要浅,上下方色调差别明显。

(3)头骨。东方田鼠头骨坚实粗大,颅基平均长为 31.37 mm(26.8～34.6 mm),颧宽平均为 17.14 mm(15.56～19.17 mm)。背面呈穹形隆起。吻部较短,鼻骨不达前颌骨后缘。一般眶间纵棱不甚明显,但老年个体的明显可见,且左、右纵棱在中间部分彼此靠近,甚至两相接触。和田鼠属其他种相同,额骨后缘中央有向后伸的小骨,它与翼骨相连而形成 2 个翼窝。硬腭具有 2 条纵沟。听泡高。

(4)牙齿。东方田鼠门齿向前稍稍突出,从颅骨上方可以看到。第一上臼齿的前端有一常见的横叶,其后方有时 4 个交叉排列的闭合三角形构成 3 个内侧的突出角和 3 个外侧的突出角。第二上臼齿在横叶之后有 3 个闭合三角形,构成 3 个外侧角和 2 个内侧角。第三上臼齿的横叶后有 3 个闭合三角形,外侧 2 个三角形较小而内侧的 1 个较大,最后为一"C"形齿叶,"C"形齿叶的缺口朝向内侧。这样,第三上臼齿具有内侧 4 个、外侧 3 个突出部分。第一下白齿为田鼠属的典型式样,最后端是一横叶,其前有 5 个闭合三角形和 1 个三叶状的齿叶,这个齿叶的内侧是一尖形突,而外侧的突出部分是圆形。

2. 生活习性

(1)活动。东方田鼠是典型的穴居类型,不冬眠,昼夜都出洞活动。由于活动频繁,并常在几组洞口间频繁往返,地面常形成极明显的跑道。尤其在苔草地和芦苇地中,跑道纵横交错,密布如网。昼夜活动节律有季节性差异,夏季夜间的活动性高于白昼,黎明前高于黄昏。该鼠体胖腿短,行动比其他鼠类笨拙,在草丛中逃窜虽快,却不善攀登。游泳和潜水能力很强。

(2)巢穴。东方田鼠通常在芦苇丛、杂草丛下以及田野和田埂上筑造其洞穴。其栖居洞穴洞道复杂,洞口也多,一般洞口在 4~8 个,最多的有 21 个,也有 1 个洞口的。洞口圆形,直径为 4~7 cm。洞内有鼠巢,少则 1 个,多则 3~5 个,甚至更多。巢的内径为 8~16 cm,高约 12 cm。巢的内垫材料有芦苇、草根、叶、小竹、稻秆、麦秆等。鼠巢距地面一般在 5~30 cm,其深浅度往往和土壤疏松程度和地下水位高低具有密切关系。天气较冷时,湿潮的土壤水分有所减少,东方田鼠便在地面挖成明洞。明洞有仓库也有鼠巢,再而改建,扩大成暗洞。临时避难洞大多在田埂上,构造简单,为多少有些弯曲的单个管道,不扩大成窝,也没内垫材料。

(3)食性。东方田鼠取食植物的茎、叶、根、种子以及树皮,而以种子最为嗜食。植物包括芦苇、水竹、小竹、莎草、小麦狼尾草、燕麦草、毛鹅冠草、小康草、狭叶艾、荞麦、油菜、豆类等。此外,也吃昆虫,可能还食小型鼠类。

3. 栖息环境

东方田鼠主要栖息在 1 000~1 500 m 低湿的沼泽地、草甸里,选择水塘、溪流、江河、湖泊沿岸的杂草、芦苇丛生的地方作为栖息位点。

4. 生长繁殖

东方田鼠繁殖力很强。每胎怀仔数一般在 4~5 只,多的可达 13 只或 14 只。新生幼仔体重约为 3 g。据实验材料分析,以 35 g 作为性成熟界限,那么从出生到性成熟,约需 2 个月的时间。7 月份,由于气温高而干燥,妊娠率为零。而其余诸月都有妊娠个体。在秋、春两季,繁殖率出现双峰曲线(10~11 月份妊娠率为 56%;4~5 月妊娠率为 42.86%)。种群的平均寿命为 14 个月,种群更新速度很快,数量常有暴发性。亚成体在种群中的比例高达 44.5%,而成体仅占 21%。

5. 种群分布

分布于中国、朝鲜、蒙古、俄罗斯。

中国分布在内蒙古、宁夏、陕西、辽宁、吉林、黑龙江、江苏、浙江、福建、山东、湖南、四川等省、自治区。

种群分布不零散。该种种群目前无具体数量信息,不过在部分地区数量波动剧烈,总体数量发展趋势也未知。

6.1.22 鼹形田鼠

拉丁学名:*Ellobius talpinus* Pallas。

别称:翻鼠、地老鼠、瞎老鼠、拱鼠。

界:动物界。

门:脊索动物门。

纲:哺乳纲。

目:啮齿目。

科:仓鼠科。

属:鼹形田鼠属。

种:鼹形田鼠。

分布区域:省内分布于河西走廊、夏河等地;国内分布于新疆地区。

1. 形态特征

(1)外形。鼹形田鼠的体形与鼢鼠相近,但比鼢鼠小且细弱。成体体长为 110～135 mm。尾甚短,微显露于毛外。头部大,眼极小,耳壳退化,耳孔亦隐藏于毛内。门齿显露于口外。前足 5 指,拇指短小,第二、第三趾较长,足掌裸露无毛,足垫 2 枚。后足掌足垫 6 枚。前、后足掌两侧和指趾的边缘生有梳状排列的密毛(图 6-22)。

(2)毛色。毛色有常态型和黑化型 2 种。常态型的体背为沙黄褐色,从头顶至吻端逐步加深,为黑褐色,吻端则几乎为纯黑色。体侧与腹部均为污白色。足背与指趾间的毛为白色。尾部背面淡黄色或暗褐色,腹面为污白色。成鼠的毛色较深,幼鼠为灰色。黑化型的全身毛色乌黑,但毛基为白色,足背、指趾间及尾部的毛为纯白色。

图 6-22　鼹形田鼠

（3）头骨。头骨粗壮,鼻骨伸出,颧弓向外扩展。脑颅圆而平滑,棱嵴不特别凸起。顶间骨狭窄,有些个体无顶间骨。腭骨后缘前端达 M^2 的连线。听泡较小。

（4）牙齿。门齿孔小,位于前颌骨与上颌骨交界处。门齿前伸露于口外。M^1 内、外侧各有 3 个突出角。M^2 外侧有 3 个而内侧有 2 个突出角。M^3 内、外侧各有 2 个突出角,有些个体外侧突出角不明显。

2. 生活习性

（1）活动。鼹形田鼠主要在地下活动,很少到地面。在春、夏季以上午10 时前和下午 6 时后挖掘活动较为频繁,秋季则终日可见新拱出的土丘。

（2）巢穴。营群栖的地下生活。洞系构造复杂,洞道分为主洞道、推土道、觅食道等部分。主洞道为洞系的干线,与地面平行,深 15～20 cm,蜿蜒曲折。四壁光滑。主洞道长,短则 10 m,长则近 100 m。植物茂盛、地下根茎多的地段主洞道较短;反之就长些。推土道为鼹形田鼠向地面抛出废土的洞道,位于主洞道的两侧,其距离无一定规律,土丘间的距离亦不固定。被排出的土在地面堆积成土丘,土丘的体积比鼢鼠土丘小,直径 15～20 cm,高10～15 cm。觅食道多位于主洞道与推土道之间,呈圆锥状,尖顶接近地面,是取食形成的洞道。在主洞道的下层为栖息洞,斜向深处,其内有窝巢、仓库、粪洞。窝巢内垫有 2 层干草,外层粗,内层软。有 1～3 个仓库。

（3）食性。植食性。以植物的根系为主,喜食肥大的轴根和地下茎,也采食少量植物茎叶和种子。在洞穴仓库中曾发现野生麦穗、防风、柴胡根系等。

鼹形田鼠常年在地下啃咬植物根系,拱掘地道,对农牧业危害较大。

据马勇等(1987)在新疆伊犁和阿尔泰地区的调查,每个洞群平均推出土丘 6～8 个,覆盖面积为 13～18 m²。被覆盖的地方植株约减少 96%,造成地面植被稀疏,抑制植物的正常发育。尤其是水分条件较差的荒漠草原,由于土丘大量覆盖,往往导致植被的演变,甚至出现寸草不生的状况。在自然条件良好的草甸草场,该鼠的为害可降低当年产草量。在农田中,它们将作物根系咬断,使粮食减产。

3. 栖息环境

鼹形田鼠属于亚洲中部广泛分布的温旱型种类。栖息环境比较广泛,从高山到荒漠、森林草甸灌丛均有分布。在土层松软而深厚、植被丰盛的地方密度较高,荒漠绿洲亦为常见的栖息地。在农田中则避开潮湿的环境。丘陵山地的石质裸地、阳坡及荒漠中植被稀疏的沙质地带数量稀少。

4. 生长繁殖

鼹形田鼠 1 年可繁殖 2 次,每胎产 2～8 只仔,平均 4 只仔。

6 月份第一胎幼鼠大量出现,8 月份第二胎幼鼠产出,其数量往往低于前次。性比约为 1∶0.93,一般雌性多于雄性,但参加繁殖的雌鼠仅占成年雌鼠的 51%,繁殖力较弱。

5. 种群分布

鼹形田鼠是我国西北诸省荒漠和荒漠草原的常见鼠类,广泛分布于我国北方干旱地区。主要分布在内蒙古西部、陕北、甘肃河西走廊和北疆等地,在新疆、内蒙古、甘肃、陕西这 4 个省份其他地区和宁夏、山西等省、自治区也有分布。

鼹形田鼠哈密亚种(学名:*Ellobius talpinus albicatus*),是 Thomas 于 1912 年命名。在中国大陆,分布于新疆(哈密东南山地)等地。该物种的模式产地在新疆哈密山地。

鼹形田鼠伊犁亚种(学名:*E. talpinus coenosus*),是 Thomas 于 1912 年命名。在中国大陆,分布于新疆(天山山地)等地。该物种的模式产地在新疆昭苏木扎特。

鼹形田鼠蒙古亚种(学名:*E. talpinus larvatus*),是 G·Allen 于 1924 年命名。在中国大陆,分布于内蒙古等地。该物种的模式产地在蒙古戈壁阿尔泰。

鼹形田鼠北疆亚种(学名:*E. talpinus tancrei*),是 Blasius 于 1884 年命名。在中国大陆,分布于准噶尔盆地周围、阿尔泰山、新疆(天山北麓)等地。

该物种的模式产地在蒙古和俄罗斯境内阿尔泰山地区。

鼹形田鼠准噶尔亚种(学名:*E. talpinus ursulus*),是 Thomas 于 1912年命名。在中国大陆,分布于新疆(巴尔鲁克山)等地。该物种的模式产地在新疆巴尔鲁克山。

6. 鼹形田鼠保护级别

该物种列入《世界自然保护联盟(IUCN)2013 年濒危物种红色名录》ver3.1——易危(VU)。

已被入列中国国家林业局 2000 年 8 月 1 日发布的《国家保护的有益的或者有重要经济、科学研究价值的陆生野生动物名录》。

6.1.23　黄兔尾鼠

拉丁学名:*Eolagurus luteus*。

别称:黄草原旅鼠。

界:动物界。

门:脊索动物门。

纲:哺乳纲。

目:啮齿目。

科:仓鼠科。

属:兔尾鼠属。

种:黄兔尾鼠。

分布区域:分布于中国、哈萨克斯坦、蒙古、俄罗斯。

1. 形态特征

(1)外形。黄兔尾鼠外形粗硕,外貌似旅鼠。个体大,体长 128(100～145) mm,比其他两种兔尾鼠大。尾较短,尾长短于后足长,占后足的89%,占体长的 12%。耳小,耳长仅 4 mm。外耳壳发育正常,但隐藏在毛被中。四肢短。前脚掌及疏部有浓密的毛。爪粗,并不长。前脚爪短,短于脚趾长。拇指短小,足掌宽大。后足长为 18(17～21) mm,后足有蹠垫 5个。乳头 8 个(图 6-23)。

(2)毛色。黄兔尾鼠背毛夏皮沙灰色,冬皮沙黄色。脊背中央没有黑色条纹。体侧及两颊色浅,为鲜艳的黄色。腹毛淡黄色。脚背面与底面均为黄色。

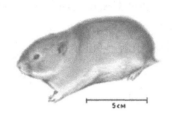

图 6-23　黄兔尾鼠

（3）头骨。黄兔尾鼠头骨较粗硕，棱角鲜明。眶后部鳞突如顶子状。颅全长 31.6（29.2～33.2）mm，但颧宽却达 20（18.6～21）mm，后头宽为 18.2（16.8～19.4）mm，整个头骨的轮廓短而宽。鼻骨短。额部和顶部略隆起。眶上嵴明显，左、右两侧的眶上嵴平行，眶间纵沟较深。颞嵴明显，向后经顶间骨侧缘与人字嵴连接。顶间骨左右横宽仅稍大于其前后纵长，整个顶间骨轮廓近似方形或梯形，其上缘中央有个小尖突。顶间骨出现个体变异是由于顶间骨是由几块骨块愈合而成，随年龄增长逐渐愈合，但这个愈合过程较长，于是出现年龄个体变异，最后逐渐愈合成一个整体。门齿孔窄而细长。腭骨表面具 2 条纵沟，腭骨后缘有典型似田鼠属的骨桥。听泡虽大，但其下缘仅达枕踝，却未超出枕踝，乳突向外达侧枕骨的边缘，却未突出侧枕骨的外缘。

（4）牙齿。黄兔尾鼠臼齿没有齿根，终生生长。第一上臼齿的顶端有一个菱形的横齿环，下面有 4 个交错排列的封闭三角形，内侧 2 个，外侧 2 个。此臼齿内侧形成 3 个突角，外侧形成 3 个突角。第二上臼齿的顶端有一个倒置三角形的齿环，下面有 3 个交错排列的封闭三角形，内侧有 1 个，外侧有 2 个。此臼齿内侧形成 2 个突角，外侧形成 3 个突角。第三上臼齿的顶端也有一个倒置的三角形齿环，下面有 2 个交错排列的封闭三角形，内侧有 1 个，外侧有 1 个。最下端有一个长的坠形齿环，其外侧上部有一个小突角。此臼齿内侧形成 2 个突角，外侧形成 3 个突角。第一下臼齿的后端有一个左右横宽、前后纵短、横置的三角形齿环，上面有 5 个交错排列的封闭三角形，内侧有 3 个，外侧有 2 个。顶端有一个斜置矩形的前叶齿环。此臼齿外侧有 4 个突角，内侧有 5 个突角。2 个突角间的凹角既宽又深，凹角口敞开，折皱里面没有白垩质填充。第二下臼齿的后端也有一个左右横宽、前后纵短的横位三角形，上面有 4 个交错排列的封闭三角形，内侧 2 个，外侧 2 个。此臼齿内侧形成 3 个突角，外侧形成 3 个突角。2 个突角间的凹角既宽又深，凹角的口敞开，折皱里面没有白垩质填充。第三下臼齿的后端有一个斜置的矩形齿叶，上面有 4 个交错排列的封闭三角形，内侧 2 个，外侧 2

个。此臼齿外侧形成 3 个突角,内侧形成 3 个突角。2 个突角间的凹角既宽又深,凹角口敞开,折皱里面没有白垩质填充。

2. 生活习性

(1)活动。黄兔尾鼠为昼间活动鼠类。温暖季节的出洞活动时间大体与当地日出与日落时间相符合,但在阴雨刮风等气温较低天气条件下,活动性明显降低。地面活动主要是觅食。取食范围不大,多在距洞口 1～5 m 处,很少到 10 m 以外取食。行动迅速,每次采食时间仅 10～20 s,将植物杆茎咬断,很快拖回洞内,或置于洞口附近,然后立即再次采食。连续采食 10～20 次后,才在洞内停留一段时间。冬季不冬眠,栖息地覆雪后,则在雪被之下凿掘纵横交错的"雪道",并在其间活动,一般不到雪面上来。

(2)巢穴。黄兔尾鼠群居。每一个洞群占地面积为 10～100 m²。数量高的年份里,洞群连成片,分不出彼此的界线。一般有 20～30 个洞口,最多可达 50～100 个洞口。洞口圆形或椭圆形,直径 4～6 cm。凡有黄兔尾鼠居住的洞群,洞口外可见到其粪便。洞口呈 30°～40° 角倾斜向地下,洞道距地面 27～40 cm。洞道交错,每个洞群洞道总长 20～50 m,有洞口 5～8 个。有 1～3 个窝,窝内垫干草,供产仔用。还挖些临时浅洞,使临时藏身,逃避天敌。

(3)食性。黄兔尾鼠夏季以植物的绿色部分为食,对栖息地内各种牧草均不避忌,甚至撩荒地中的猪毛菜和骆驼蓬等亦不拒食。秋季亦取食种子。未见黄兔尾鼠有冬藏习性,冬季在雪下觅食。

3. 栖息环境

黄兔尾鼠与草原兔尾鼠不同,它更适应在干旱生境中生存,主要栖息在丘陵及荒漠草原,草甸草原不多见。农垦后聚集在农田及水渠附近。

4. 生长繁殖

黄兔尾鼠每年 4 月中旬开始繁殖,9 月中旬繁殖结束,1 年产仔 3～4 窝,妊娠期约 20 天。每窝产仔平均 7(3～12)只。当年产的第一窝幼鼠秋季性成熟,可参加繁殖。

5. 种群分布

分布于中国、哈萨克斯坦、蒙古、俄罗斯。
在中国分布于新疆、甘肃、青海和内蒙古等地。
种群分布不零散。该种在哈萨克斯坦和俄罗斯比较罕见,种群数量每年都会发生波动,发展趋势未知。

在中国,黄兔尾鼠数量年际变动同样较为剧烈。往往中低密度水平连续维持若干年之后,种群数量突然升高,分布范围迅速扩大,而后种群数量又处于低潮期。低潮之后,在自然条件适宜的年份又大量繁殖,数量又开始增多。黄兔尾鼠数量的年际变动的节奏性及其原因尚不清楚。个别年度山前地带出现的夏季暴雨和洪水淹没栖息地,以及某些动物病广泛流行所引起的黄兔尾鼠大批死亡,可能是导致下一年度种群数量急剧下降的原因之一。

6.1.24　灰旱獭

拉丁学名:*Marmota baibacina*。

别称:天山旱獭、阿尔泰旱獭。

界:动物界。

门:脊索动物门。

纲:哺乳纲。

目:啮齿目。

科:松鼠科。

属:旱獭属。

种:灰旱獭。

分布区域:中国、蒙古。

1. 形态特征

(1)外形。灰旱獭体短身粗,四肢短;成兽体长 400~580 mm,体重 3 000~7 500 g;后足长 74~87 mm。足较宽大,爪粗而短小,拇指退化。尾耳皆短,尾长 90~130 mm,不及体长的 1/4,耳长小于 30 mm。雌体有乳头 6 对(图 6-24)。

图 6-24　灰旱獭

（2）毛色。毛长而松软。背、腹毛色差别十分明显。体背毛色为沙黄色或沙褐色，并在此色调背底上露出大量细针毛的黑色，或黄褐色毛尖。口围白色。前额、头顶、耳下及颊部的具黑色或棕黄色、淡褐色毛尖的细针毛短而密，导致整个色调较体背深暗，但与其周围无明显界线。体侧及四肢外侧毛色与体背相似，或较之略微浅淡。整个腹面及四肢内侧均为纯深棕黄色或铁锈色。尾上面毛色同体背，下面毛色同腹面，尾端毛黑褐色或浅棕黄色。

（3）头骨。颅骨较宽，颅全长小于 95 mm，颧弓后部明显扩张，颅宽约为颅长的 63%，鳞骨的眶后凸起十分发达，明显突向前方，是其区别于其他种旱獭的最重要头骨特征。颅上面略呈弧形，鼻骨内缘比外缘短，故后端中间形成一尖楔状缺刻；鼻骨后端约与前颌后端在同一水平线或稍有超出。上颌骨眶突较大，其前缘与整个泪骨后缘形成骨缝；眶突前孔较大，呈扁圆形。下颌骨之关节凸起的关节面向前探出，如屋檐状；喙突明显后钩，喙突与关节突之间的切迹浅而宽。左、右上齿齿列之间距离前端较后端宽。

2. 生活习性

（1）活动。灰旱獭出蛰后最初几天活动性不大，多在冬眠洞附近积雪先消融，植物开始萌芽的小块地段活动，活动半径一般不超过 50 m。3 月末至 4 月初由于食欲增强，早春食料不足，则活动性明显增大，活动半径近百米或更远。4 月中旬部分个体由冬眠洞迁入夏洞，达性成熟的旱獭与亲兽分居及一部分家族成员的离散，与邻近家族的成员合并，这样的家族重新组合，致使此时的移动性急剧增大，达到地面活动的高峰。4 月末至 5 月初上述生命活动已大体结束，加上地面一片青绿，饲料充足，雌獭处于分娩或哺幼阶段，故移动减弱，家族的觅食区域趋于稳定，每一个家族大体上都形成了相对独立的巢区。巢区的范围大体是它们的居住洞和临时洞连接起来所构成的，范围稍扩大。有时相邻家族共同利用个别临时洞以致巢区出现重叠，但相邻家族的个体成员之间接触并不频繁。在哺乳期，雄獭移至哺乳洞不远处的洞内居住，但它对哺乳巢区的保卫却十分严密。6 月份、7 月份及 8 月份上半月为旱獭肥育期，觅食活动十分频繁，8 月下旬活动减弱，一般多在洞口伏卧，很少到远处觅食。入蛰前数日不再取食，并将胃道内的内容物完全排除，以便于深眠。

灰旱獭营典型昼间活动。夏季出洞活动时间大体与日出、日落及居住洞的洞口被阳光直射到的时间相一致，但以日出后日落前 3 h 的一段时间为活动高峰（双峰型），炎热的中午前后则回洞休息，早春与晚秋因晨昏气温较低，故多在中午出洞到地面活动（单峰型）。

(2)冬眠。灰旱獭为典型的真正冬眠动物。1年中有半年以上的时间深眠于洞穴中,只有5～5.5个月营地面活动。其出蛰和入蛰未见有明显的外界信号。一般说来,积雪消融,植物萌发和气温稳定在0℃以上时开始出蛰,入蛰时间则与植物枯黄、落雪、气温接近0℃时大体一致。天山山地森林草甸草原带和山地草原的旱獭一般于3月初开始出蛰;高山及亚高山草甸草原带旱獭的出蛰时间要比上述2个植被带推迟10～15天。

(3)巢穴。灰旱獭营家族式的群落穴居生活,一个洞系为一个家族,一个家族有数只旱獭,洞群所占面积之大小,视其被使用的时间而异,小者30～50 m²,大者可达500 m²。每一洞群由数目不等的居住洞和临时洞组成。临时洞十分简单,无分支,略有弯曲,洞道较浅,通常洞深不超过2 m、洞长不超过5 m。临时洞多数散布在洞群周围,在觅食地内亦有。临时洞进一步加工可以改造成为居住洞。居住洞地下结构比较复杂,洞道弯曲,分支较多。洞道第一拐点多位于距洞口1～1.5 m处,洞道长18.4～50.4 m,有巢室1～4个,容积0.61～1.51 m³,窝巢卵圆形,容积0.08～0.38 m³;巢底垫以杂草茎叶,厚7～10 cm。居住洞的地面洞口数以单洞口和双洞口的洞系最多。在2～5个洞口的洞系中,主要洞口与最远洞口之间的距离大多数不超过10 m。

居住洞分夏季洞与冬季洞2种。早春出蛰后旱獭由冬季洞迁入夏季洞。但严格的季节性专用洞一般较少,而最多的是冬夏两用的居住洞系。冬夏两用洞内的浅巢(距地面垂直深不超过1.5 m)是旱獭夏季使用的寝巢;深巢(距地面垂直在1.5 m以下)为冬季蛰眠用的寝巢。浅巢因距地面较近,其微小气候与地面环境气候相差不如深巢之大,故在春季醒眠之后,即由深巢移至浅巢,以度过整个地面生命活动(包括繁殖、育幼、肥育)周期。旱獭以陈旧的废巢作为厕所。此外,在一些洞道的盲端或通路上,常有10～20个堆在一起的光滑坚硬且不甚规整的小泥丸。

(4)食性。灰旱獭的食物较为单纯,夏季主要食禾本科和莎草科及豆科多种草类的绿色部分。早春出蛰时挖食草根,秋季也食少量昆虫。在笼养条件下喜食蒲公英花及各种蔬菜。灰旱獭食量较大,进食后胃重可达200～300 g。

3. 栖息环境

灰旱獭为典型的草原啮齿动物,主要栖息于高山草甸、森林草原和山地草原中植被生长茂密的地方。垂直分布的上限为海拔3 700 m,下限为1 200 m。其洞道多挖掘在岩石坡或在较为潮湿的高山草原沟谷两岸的灌丛下,尤其喜栖居在向阳的山坡和开阔的山间平地。在海拔较低的地区,则主要栖息于较湿润的迎风坡。

4. 生长繁殖

灰旱獭1年繁殖1次,年产1窝幼仔。性成熟较晚,需经2次或3次冬眠方达性成熟。出蛰后即开始进入交配期,4月中下旬大批分娩,妊娠期35～40天,每胎1～13只,其中4～9只的最多,平均6.15只,雌、雄比为1∶1.15。哺乳期约30天,幼獭于5月初(山地草原带)至5月末或6月初(高山及亚高山草甸带)开始出现于地面。

年龄组成为当年出生的幼獭占27%,2～3龄的亚成体占18%,4龄以上的成体占55%。灰旱獭种群繁殖力较弱,数量的年增长幅度有限,单位面积内密度水平较低,而且恒定,决定这一特征的基本原因取决于:性成熟晚,达到生育年龄的个体只占整个种群的32%～55%;在性成熟的雌獭中每年只有32%～51%的个体参加繁殖,仔獭死亡率较高,从5月下旬出现在地面至入蛰前,有40%左右的仔獭被淘汰。

5. 种群分布

中国以内分布于新疆的福海、和丰、塔城、博乐、昭苏、新源、尼勒克、精河、沙湾、玛纳斯、呼图壁、昌吉和乌鲁木齐等地。

6. 危害

灰旱獭栖息地多为优良天然春夏牧场,故灰旱獭对牧草的收成有一定的危害。旱獭洞群、洞口土丘和跑道可以造成水土流失,影响牧草生长。旱獭在挖洞活动中将地下贫瘠多石的土壤翻到地表,使地区的植被发生改变,生长一些牲畜不喜食的荨麻、糙苏等植物。据在呼图壁和玛纳斯地区的调查,每公顷草场内旱獭的各种洞口平均为100个左右。若按每一洞口危害面积 2 m² 计算,则有2%的草场面积为灰旱獭所破坏。灰旱獭在破坏植被的同时,还同牲畜争夺饲草。据统计,1只成年獭在活动季节内可以吃掉50～100 kg优质牧草。

灰旱獭是长尾黄鼠鼠疫疫源地的主要宿主动物,也是哈萨克斯坦及吉尔吉斯天山山地鼠疫疫源的重要储存宿主。灰旱獭还是类丹毒、森林脑炎及伪结核病、枪形吸虫病、Q热、钩端螺旋体、弓形虫病的病原体携带者。

6.1.25　喜马拉雅旱獭

拉丁学名:*Marmota himalayana*。

别称:哈拉、雪猪。

界:动物界。

门:脊索动物门。

纲:哺乳纲。

目:啮齿目。

科:松鼠科。

属:旱獭属。

种:喜马拉雅旱獭。

分布区域:中国西藏、甘肃,以及印度、尼泊尔、克什米尔地区等。

1. 外形特征

(1)外形。喜马拉雅旱獭体形粗壮,雄性个体身长在 47～67 cm,雌性在45～52 cm;雄性个体的体重约 6 000 g,雌性个体的体重约 5 000 g。喜马拉雅旱獭身躯肥胖,类似于圆条形。头部又短又宽,耳壳短而小,颈部短粗,尾巴短小而且末端略扁,长不超过后足的 2 倍。雌性个体生有乳头 5 对或 6 对。四肢短粗,前足长有 4 趾,后足长有 5 趾,趾端具爪,爪发达适于掘土(图 6-25)。

图 6-25　喜马拉雅旱獭

(2)毛色。自鼻端经两眉间到两耳前方之间有似三角形的黑色毛区,即"黑三角",此"黑三角"越近鼻端越窄,色调越黑。嘴四周为黄白色、淡棕黄色或橘黄色。眼眶黑色,面部两颊到耳外侧基部呈淡黄褐色或棕黄色,明显有别于"黑三角"。耳壳呈深棕黄色或深黄色。颈背和体背部同色,呈沙黄色。毛基黑褐色,中段草黄色或浅黄色,毛尖黑色。背部至臀部黑色毛尖多显著,常形成不规则的黑色细斑纹。体侧黑色,肛门和外阴周围染深棕色或深棕黄色。四肢和足上面呈淡棕黄色或沙黄色,下面与体腹面同色。足掌和爪黑色。尾背面毛色同背部,毛端约 1/4 为黑色或黑褐色;尾腹面近基部

1/2 为棕黄色或褐黄色,端部 1/2 为黑褐色。毛色随年岁、地区不同而变异。幼体毛色多较成体灰黄或暗,有少数白化个体。

出蛰后,毛色发灰,且针毛尖磨折较为显著。每年换毛 1 次。春末夏初开始换毛,毛先从背部开始换,后扩展到两侧和臀部,再及头部、尾部和四肢,至秋初入蛰前新毛全部长成。

(3)头骨。头骨粗壮结实,略似三角形,眶上突发达,向下方微弯,眶间区凹陷较浅而平坦,颧骨后部明显扩张,鳞骨前下缘的眶后突甚小、不显现,矢状嵴较低。枕骨大孔前缘呈半椭圆形。腭弓狭长,其后缘超过颌骨后缘。下颌骨的喙状突后缘近乎垂直,不显著向后弯曲,喙状突与关节突之间的切迹深而较窄。

齿式为 22 枚,上门齿大,唇面无纵沟。

2. 生活习性

(1)活动。喜马拉雅旱獭营白昼活动。初春出蛰时,待日出地面气温较高后,出洞先取暖,后寻食;午间也在洞外趴伏,日落前入洞。夏季天暖后,则晨曦和黄昏时期出洞较多。雨雪(春雪)时尚有活动的。冬季入洞冬眠,冬眠时洞口堵塞。活动范围常以巢域为中心,活动半径一般不超过 500 m,有较固定的路线。能直坐,如树桩,远眺瞭望,听觉发达,较难接近,发现异物时,发出"咕比咕比"的叫声,呼叫不已;当接近时,即钻入洞里。

(2)社群。喜马拉雅旱獭为群居动物,洞巢为家族型。每一个家族都是由一对异性亲獭与 1~2 龄仔兽组成。有时数个家族聚居,曾在一洞中发现冬眠旱獭 24 只。在夏季也有一洞一兽的情况。它们共同居住于一个洞系之中,幼崽性成熟后离开。

(3)冬眠。喜马拉雅旱獭有冬眠习性,自春末即开始积脂供越冬生理上的需要。入、出蛰时间取决于当地的物候,一般从 9 月份开始入蛰,至 10 月中旬入蛰完毕,翌年 4 月份开始出蛰。入、出蛰时间基本上取决于牧草枯黄与返青时间。

(4)巢穴。旱獭洞典型,分为临时洞和栖居洞,栖居洞又分为冬洞和夏洞 2 种类型,多建于向阳的上坡,使洞内温暖干燥。冬洞的内部结构比较复杂,有几个洞口,洞口前面有土丘。洞口又被分为外洞口与内洞口,外洞口的直径在 40 cm 左右,内洞口的直径在 20 cm 左右。洞道的形状类似于大半圆,由洞口开始慢慢向下倾斜,逐渐和地面平行。洞穴内垫着厚厚的干草。洞内温度比较稳定,窝巢内四季的温度均保持在 0 ℃以上,但不超过 10 ℃。喜马拉雅旱獭一般只会筑一个窝巢。冬洞与夏洞都可以作为繁殖与休息的场所。临时洞内部构造比较简单,只有室而无窝巢。洞道的长度不超过 2 m,有 1～2 个洞口,多分布在栖息洞和觅食场所周围,做躲避天敌之用,亦可作为夏季中午的歇凉地。凡是有旱獭栖居的洞穴,洞口宽广结实,光滑油润,无草,出入践踏的足迹明显,有强烈的鼠臭味,入口处有新鲜的粪便,夏季有蝇出入;废弃洞陈旧而半塌陷,洞口生有杂草或被蛛丝所封;临时洞洞口较小,洞壁上的爪痕明显,出入处有足迹,有时亦有粪便。

(5)食性。喜马拉雅旱獭主要以采食草本植物来维持基本的生存,对洞口附近的草较少取食。在自然界中,对于放到洞口的多类食品(包括青草)均不取食。喜食带有露珠的嫩草茎叶、嫩枝,偶尔也会捕捉一些昆虫与小型啮齿动物作为食物,有时也会到农作区附近偷食青稞、燕麦、油菜、马铃薯等作物的禾苗、茎叶。初春时节,青草尚未发芽,喜马拉雅旱獭也会挖食草根。

3. 栖息环境

喜马拉雅旱獭是青藏高原草甸草原上广泛栖息的动物,栖息于 1 500～4 500 m 的高山草原,它们的数量不因草甸草原上不同的植被群落而发生显著的变化,主要受地形的影响。山麓平原和山地阳坡下缘是喜马拉雅旱獭数量集聚的高密度地区,阶地、山坡上和河谷沟壁为中等,其他地区均为少数或没有。在平地上,其分布多呈弥漫型,即在大面积上比较平均;在山坡、谷地和丘陵地带,往往沿着等高线呈带状分布,也有在小片生活条件优越的地块密集的情况。

4. 生长繁殖

喜马拉雅旱獭 1 年繁殖 1 次,出蛰后不久即进入繁殖期,开始交配,交配期延续 1 个月左右。妊娠率不高,妊娠獭常仅占成年雌獭的一半,妊娠率与年龄呈抛物线关系,4～6 龄獭妊娠率最高。年产 1 胎,妊娠期为 35 天左右,每胎 2～9 只幼仔,以 2～4 只为最多。仔獭常于哺乳期死亡,因而仔獭数明显低于胚胎数。6 月底即可见到幼仔出洞活动,十分活跃,取食频繁。幼体与母兽一直生活至第二年的 7 月份才分居出去,独立生活。喜马拉雅旱獭 3 岁性成熟,但每年参与繁殖的雌性个体,仅仅只占达性成熟雌性个体总数的 50%～60%。

5. 种群分布

喜马拉雅旱獭是青藏高原的特有种,主要分布于中国的青海高原、西藏高原、甘肃祁连山地、甘南、新疆、滇西北,以及内蒙古西部的阿拉善盟。中国以外分布于喜马拉雅及喀喇昆仑山南坡的克什米尔地区,以及尼泊尔、不丹和印度北部。

6. 危害

旱獭最大的危害是传染疫病,它们是鼠疫等病原体的自然宿主,其体外寄生虫是鼠疫的传播者,直接危害人类健康。旱獭在密度不高时,对草场危害并不大,只有数量较多时才能造成危害,与牲畜争草,每只旱獭活动期(即非冬眠期)总共可食牧草 25 kg;它们的挖掘活动破坏草场,洞口附近挖出的土,形成较大的土丘,由于挖洞较深,常把碎沙石块翻出地表覆盖草场。

6.1.26　长尾旱獭

拉丁学名:*Marmota caudata*。
别称:红旱獭、旱獭。
界:动物界。
门:脊索动物门。
纲:哺乳纲。
目:啮齿目。
科:松鼠科。
属:旱獭属。
种:长尾旱獭。
分布区域:中国新疆西南部、中亚、印度半岛西北部、阿富汗等地。

1. 形态特征

(1)外形。体躯粗壮,略小于灰旱獭,体重 4～5 kg,体长 448～530 mm,后足长 75～85 mm,尾在旱獭属诸种中最长,为 153～183 mm,明显超过体长的 1/3,平均约为体长的 38%,故称长尾旱獭。头粗颈短,耳、眼均小,四肢短粗,前后足爪长而微钝(图 6-26)。

图 6-26　长尾旱獭

（2）毛色。整个体躯和四肢几乎是一色锈红色或棕黄色。体背毛色为深棕黄色、棕色或锈红色，被毛长而蓬散（长 35～45 mm），粗糙而少光泽。体背、体侧及腹面毛色无明显差别，体背由于浮露出大量黑褐色或深棕色长毛尖而显得更深暗些。头顶从眉间向后至耳上，为一界线清晰的方形黑毛区，形如"黑帽"；眼下、颊部、鼻端亦为黑色；鼻端与眉间黑色毛区之间为棕黄色，杂以少量黑色毛尖。尾色与背色相似，但尾端呈黑色或赭黑色。

（3）头骨。颅骨不甚宽，颅宽仅为颅长的 57.8%；吻短而宽。颧弧前部明显比后部狭窄。颅骨上面呈弧形。鼻骨较短，仅为颅长的 32%，其后部与中部几乎等宽，后端中尖或平直，超出前颌骨后端或约在同一水平线，但不越过眼眶的前缘。听泡不大，长约为颅长的 19.2%。上齿隙略长于上颊齿列。

2. 生活习性

（1）活动。长尾旱獭有冬眠习性，通常于 4 月初开始出蛰，地面活动时间约 5 个月。营昼间活动，几乎整个白天均甚活跃，但以当地时间 7～10 时、17～20 时地面活动最为频繁，一般在洞群周围的 20～100 m 内活动。9 月中旬开始入蛰，下旬才完全入蛰。

（2）巢穴。长尾旱獭喜在土层较厚、植被较为丰富的河谷阶地和缓坡的坡脚等处筑洞，营家族式群居。洞群由居住洞和临时洞组成，居住洞又分为冬眠洞、夏居洞和冬夏兼用洞 3 种。洞道略比灰旱獭复杂，较深、较长，有 4～5 个洞口。洞深 2～3 m，洞长多在 30 m，长者可达 50 m 以上，洞道曲折而复杂，洞室也较多，窝巢设在洞道尽端处。临时洞短浅，无分支，亦无窝巢。

（3）食性。长尾旱獭以多种牧草的茎叶为食，秋季亦食取一些未完全成熟的种子和少量昆虫。

3. 栖息环境

长尾旱獭栖息于海拔 2 800～4 500 m 的高山裸石冰雪寒漠带边缘，栖息区十分狭窄，平均密度为 0.36 只/hm²。在新疆境内其垂直分布范围多在海拔 3 500～4 500 m 的亚高山和高山草甸草原，个别地段可沿河谷下降至 3 200 m，或上升至 5 000 m 的高山裸石冰雪寒漠带的边缘。对其最为有利的栖息范围为 3 500～4 000 m（乌恰境内）或 3 900～4 300 m（塔什库尔干境内）的禾本科草类发育较为良好的真草原。在帕米尔高原顶面一般栖息于 3 800～5 000 m 的高山草甸草原带，覆盖度为 20%～50%，平均密度 1～3 只/hm²；在高原的北坡与阿赖山则栖息于 2 800～4 000 m 的高山草甸草原带，覆盖度为 30%～50%,平均密度 2～3 只/hm²。

4. 生长繁殖

长尾旱獭出蛰前在洞内交尾,出蛰时多数雌獭已经妊娠,甚至已处于妊娠中期。5 月末至 6 月初幼獭出现在地面。每年繁殖 1 窝,每胎产仔獭 4～5 只。

长尾旱獭同别种旱獭一样,性成熟较晚,一般需经 2 次或 3 次冬眠,即在生后第三年或第四年才具有生育能力。成年獭只占整个种群的 49.1%,在雌性成獭中每年仅有 52.2%的个体参加繁殖。

5. 种群分布

中国分布于帕米尔高原和阿赖山山地,中国以外分布于蒙古、阿富汗和印度北部,是中亚高山草原地带代表种群之一,为帕米尔高原特有的啮齿类动物。在新疆境内只分布于塔什库尔干、阿克陶和乌恰县境的帕米尔高原以及喀喇昆仑山西段、阿莱山和外阿莱山北部山地。中国以外主要分布于俄罗斯的帕米尔-阿莱山地、西天山及中天山南部。此外,尚见于克什米尔地区和阿富汗东北部的新都库斯山地。具有 5 个亚种。

6.1.27　中华鼢鼠

拉丁学名:*Myospalax fontanieri*。
别称:瞎老鼠、地老鼠、瞎老、瞎狯、瞎瞎。
界:动物界。
门:脊索动物门。
纲:哺乳纲。
目:啮齿目。
科:仓鼠科。
属:鼢鼠属。
种:中华鼢鼠。
分布区域:中国、俄罗斯、蒙古等。

1. 形态特征

(1)体形。本种鼢鼠的体重、体长均超过其他种鼢鼠。尾较长,尾长相当于体长的 26%～27%。中华鼢鼠体型与东北鼢鼠相似,但前足及前指爪较细短。头宽扁,鼻端平钝,鼻垫成椭圆形。四肢较短,前爪特别粗大,前肢第二、第三趾爪近等长,镰刀形。尾短,但较东北鼢鼠稍长,尾毛稀疏,以至皮肤裸露可见(图 6-27)。

图 6-27　中华鼢鼠

(2)毛色。中华鼢鼠背部带有明显的锈红色。毛基灰褐色并常显露于外。额部中央有一大小不等、形状不规则的白斑点。腹毛灰黑色,毛尖稍带锈红色,尾毛污白色。吻周颜色淡,略显白色。

(3)头骨。中华鼢鼠头骨扁宽粗大,具明显的棱角。鼻骨窄,眶上嵴发达,后延与颞嵴相连直至人字嵴处。人字嵴发达,上枕骨自人字嵴处向后延伸拱出,不似东北鼢鼠呈截切状。门齿孔小,听泡低平。

(4)牙齿。中华鼢鼠上颌第三臼齿的后端多一个向后外方斜伸的小凸起,外侧形成 3 个内陷角。第三下臼齿内侧第一内陷角较浅。其他特征同东北鼢鼠相似。

2. 生活习性

(1)活动。中华鼢鼠不冬眠,昼夜活动,由于它终年营地下生活,掌握它的过冬规律十分困难,只能根据地面上的痕迹和封洞的习性判断。一般每年有 2 次活动高峰,春季 4～5 月份,觅食活动加强,到 6～8 月份,天气炎热,活动减少。秋季 9～10 月份作物成熟,开始盗运贮粮,活动又趋向频繁,出现第二次活动高峰。所以在春、秋两季地面上新土堆增多。冬季在老窝内贮粮,很少活动。据封洞和捕获时间分析,一天之内早、晚活动最多,雨后更为活跃。

(2)巢穴。中华鼢鼠终年营地下生活,喜欢在地下挖掘长而复杂的隧洞,在洞里居住和取食,很少到地面上来。它们掘洞掘得很快,善于用强大的前脚挖土,圆时用宽阔平扁的头将土压紧或将挖下的泥土推出洞外。在地面上形成一个个直径 30 cm、高 15～16 cm 的小土丘,这是中华鼢鼠居住地的一种标志,可以根据这些小土丘来判断中华鼢鼠的所在。中华鼢鼠的洞道相当复杂，就其洞道而言，有一条与地面平行、距地面 8～15 cm、洞径为 7～10 cm 的主干道，沿主道两侧挖掘多条觅食洞道。比主干道更深一层的洞道称为常洞，一般距地面约 20 cm，是中华鼢鼠进行取食等活动的通道。洞道比较宽大，内有临时仓库。在常洞的下方，一般有 1～2 条向下直伸或斜伸的通道称为朝天洞，是来往于"老窝"的道路。"老窝"距地面 150～300 cm。一般雄性的较浅，雌性的较深。在"老窝"中，一般均无巢室、仓库及厕所。巢室直径为 15～29 cm，巢深 10～13 cm，内径 14～18 cm。巢重 297～608 g。

（3）食性。中华鼢鼠以植物地下茎和块根等为食。有时它们也钻出洞外找寻食物，但都是在天亮之前，它特别喜欢吃番薯、马铃薯、胡萝卜和豆类等。在它们的洞里常常贮存有大量的食物，如豆类、番薯、新鲜的苜蓿、飞蓬和其他草本植物。

3. 栖息环境

中华鼢鼠喜栖于土层深厚、土质松软的荒山缓坡、阶地及乔木林下缘的疏林灌丛、草原地、高山灌丛。选择地势低洼、土壤疏松湿润而且食物比较丰富的地段作为栖息位点。垂直分布可达 3 800～3 900 m 的高山草甸，高山灌丛中较少。

4. 生长繁殖

中华鼢鼠在春季 4～5 月份时交配，至 6～8 月份交配结束，1 年繁殖 1～2 次，每胎 1～5 只，个别的 6 只，以 2～3 只者居多。雄鼠 3 月中旬性器官尚未达到发育的程度，至 3 月下旬性器官发育达到最高峰，随着交配的开始，睾丸便下降。雌鼠繁殖期从 4 月上旬开始，延续到 6 月中旬，历时 60 天，而繁殖盛期是从 4 月下旬到 5 月中旬，其繁殖期短而集中。妊娠期约为 1 个月。哺乳期从 5 月中旬开始，延续到 8 月上旬，其中哺乳期盛期在 5 月下旬至 7 月上旬。大量幼鼠在 7 月份独立生活。

5. 种群分布

分布于中国、俄罗斯、蒙古等地。

中国分布在甘肃、青海、宁夏、陕西、山西、河北、内蒙古、四川、湖南等省、自治区。

中华鼢鼠种群分布广泛，但对不同生境样区的调查，发现不同生境，鼢鼠土丘密度各有差异，多者在 5 000 个左右，少者在 200 个以下甚至为零，即使在同一生境不同的地段，鼢鼠栖息密度也相差悬殊，土丘数量之差可达几倍或几十倍之多。例如,在中国甘南州各牧场都有分布,但仅比较集中在尕海地区。

6.1.28 高原鼢鼠

拉丁学名:*Eospalax fontanierii*。

别称:贝氏鼢鼠。

界:动物界。

门:脊索动物门。

纲:哺乳纲。

目:啮齿目。

科:鼹形鼠科。

属:鼢鼠属。

种:高原鼢鼠。

分布区域:中国。

1. 形态特征

(1)外形。高原鼢鼠体形粗圆,体长 160~235 mm,体重 173~490 g,吻短,眼小,耳壳退化为环绕耳孔的皮褶,不突出于被毛外。尾短,其长超过后足长,并覆以密毛。四肢较短粗,前后足上面覆以短毛。前足掌的后部具毛,前部和指无毛,后足掌无毛。前足的 2~4 趾爪发达,特别是中(3)趾爪最长,后足趾爪显然小而短(图 6-28)。

图 6-28　高原鼢鼠

(2)毛色。高原鼢鼠躯体被毛柔软,并具光泽。鼻垫上缘及唇周为污白色。额部无白色斑。背、腹毛色基本一致。成体毛色从头部至尾部呈灰棕色,自臀部至头部呈暗赭棕色,腹面较背部更灰暗,毛基均为暗鼠灰色,毛尖赭棕色。幼体及半成体为蓝灰色或暗灰色。尾上面自尾根到尾端暗灰色条纹逐渐变细变弱,尾下面和暗色条纹四周为白色、污白色或土黄白色。前肢上面毛色与体背雷同,后肢上面毛色呈污白色、暗棕黄色或浅灰色。

(3)头骨。高原鼢鼠头骨较粗大,吻短,鼻骨较长,前端宽而低扁,两鼻骨联合处稍凹陷,后端变窄而微凸,其末端明显超过颌额缝,嵌入额骨前缘。眶上嵴不明显。顶骨两内侧嵴在前方不相汇合,年轻个体几成平行,老年个体的顶脊互相靠近,但不相遇。枕嵴强壮,枕中脊不发达或缺失。门齿孔为前颌骨所包围。

(4)牙齿。高原鼢鼠上门齿向下垂直,不突出鼻骨前缘,唇面呈黄色或棕黄色。第一上臼齿唇面和舌面各具 2 个出陷角。第二上臼齿唇面具 2 个内陷角,舌面 1 个内陷角。第三上臼齿唇面具 2 个内陷角,舌面具 1 个较深的内陷角和 1 个较浅的内陷角,并有 1 个较显明的后小叶(后伸叶)。下门齿伸向前上方。第一下臼齿唇面具 2 个内陷角,舌面具 2 个明显较深的内陷角和 1 个位于前端的较浅内陷角。第二、第三下臼齿结构基本相同。

2. 生活习性

(1)活动。高原鼢鼠长期生活于黑暗、封闭的环境中,但仍表现有明显的似昼夜节律。夏、秋季每天挖掘和采食活动出现 2 次高峰,一次在 15～22(占日活动总频次的 65.3%),另一次在 0～7 时(占日活动总频次的21.6%)。春季及入冬前呈一次高峰,集中在 12～22 时,占日活动总频次的79.7%,原因是这一时期上午低温,地表处于冻结状态,午后地表温度回升,浅层土壤解冻,有利于进行挖掘活动。通常,高原鼢鼠在每天日落后数小时内出现挖掘采食活动高潮,此时大多数个体在巢外浅层洞道中活动。采食挖掘活动一般在距地表 10～20 cm 的地下,夏季往往更浅,甚至紧贴地表取食。巢外活动与土壤温度变化有密切相关性,在巢外活动期间,相应的土壤温度一般为 0～15℃。冬季,高原鼢鼠的活动仅局限于主巢范围,且多在黄昏前后至午夜。与某些地面活动的鼠类相比,高原鼢鼠的活动时间和频率均较低。例如,高原鼠兔每天出入洞的频次在百次以上,而高原鼢鼠出入主巢的次数每天仅几次至几十次,仅在秋季贮粮时期较为频繁。一般高原鼢鼠的巢外活动时间每次持续几分钟至几十分钟,但秋季有时平均 2 min 即进出主巢 1 次,估计与向主巢运送贮藏食物有关。高原鼢鼠是非冬眠动物,一年四季均有活动。其中春季以繁殖活动为主,秋季以贮粮为主,并且都伴有大量的挖掘活动。每只高原鼢鼠 1 年内推至地面的土量达 1 000 kg 以上。夏季挖掘活动明显减弱,入冬后挖掘活动因土壤冻结而逐渐停止。

(2)巢穴。高原鼢鼠洞道由取食洞、交通洞、朝天洞和巢穴等部分组成。

取食洞道距地表 6～10 cm,洞径 7～12 cm,是在取食活动中掘出的洞道;交通洞道一般距地面约 20 cm,是由主巢至取食洞道的比较固定的通道,洞壁光滑,洞径较粗大,在洞道附近常建有贮藏食物的洞室;位于交通洞道下方、主巢上方的是朝天洞,一般每一洞道系统有 1～2 条,垂直连接主巢或成锐角连接主巢;主巢距地面 50～200 cm。雄性主巢距地面的深度较浅,雌性主巢与地面的距离较深。在主巢中有巢室、仓库与厕所。巢室较大,直径为 15～29 cm,内垫干燥柔软的草屑。仓库内贮存有整理有序的多汁草根、地下茎等食物。此外,洞系中尚包含有一定数目的盲洞。1 个洞系一般只栖居 1 只成年鼢鼠。

(3)食性。高原鼢鼠主要采食植物的地下根系,尤其喜食杂类草肥大的轴根、根茎和根蘖的地下部分,也常将植物地上部分的茎叶拖入洞道内食用或作巢内铺垫之用。对于禾本科植物,除少量食其根茎和嫩叶外,其他部分则很少取食。

3. 栖息环境

高原鼢鼠的主要栖息于高寒草甸、草甸化草原、草原化草甸、高寒灌丛、高原农田、荒坡等比较湿润的河岸阶地、山间盆地、滩地和山麓缓坡。

4. 生长繁殖

高原鼢鼠 1 年繁殖 1 次,交配活动在初春进行。当土壤刚刚冰冻消融,地面便开始出现新土丘,表明高原鼢鼠开始出巢活动。此时,雄鼠大多睾丸硕大,阴囊下垂,说明进入繁殖期。雄鼠不仅地面活动开始早,而且非常活跃,从主巢位置向四周大量挖掘洞道,伸向邻近雌鼠巢区,洞道系统呈线形分枝状,这将增加沟通雌鼠洞道的机会。1 只雌鼠巢区内有时会先后出现 2 只雄鼠,这种情形仅见于交配期,说明其婚配方式可能为杂婚式。约 7 d 后,雌鼠才相继出巢活动。雌鼠发情期不甚一致。雌鼠活动范围较小,每日到主巢外活动的时间亦短,一般仅 2～3 h,且多在黄昏前后。雄鼠则往往远离主巢,经常出现在邻近雌鼠巢区。4 月中下旬是交配高峰期,此时雄鼠活动范围大、活动时间长,有时达 10 h 以上。5月 10 日前后,雄鼠的洞道仍保持畅通,而雌鼠巢区内大部分洞道已被堵塞。说明雌鼠在交配后封堵大部分洞道,不再与雄鼠来往。高原鼢鼠的交配活动是在雌、雄鼠洞道交会处完成的。雌鼠交配后形成长约 1 cm 的柱状凝冻样阴道栓,可作为发情雌鼠已完成交配并进入妊娠初期的标志。妊娠期约 40.4 d,平均产仔数 2.91 只。

5. 种群分布

高原鼢鼠是中国特有种,仅分布在中国(北京、甘肃、河北、河南、内蒙古、宁夏、青海、陕西、山东、山西、四川)。

种群分布不零散。2007 年的调查结果显示,该种在青藏高原是丰富的。1980 年,在青海,该种种群密度估计为 5～70 只/hm²,而在 1990 年,由于对其进行防治,种群数量估计不到 1980 年的 31.6%。高原鼢鼠种群发展趋势未知。

6.1.29　草原鼢鼠

拉丁学名:*Myospalax aspalax*。
别称:瞎目鼠子、达乌里鼢鼠、外贝加尔鼢鼠、地羊。
界:动物界。
门:脊索动物门。
纲:哺乳纲。
目:啮齿目。
科:鼹形鼠科。
属:鼢鼠属。
种:草原鼢鼠。
分布区域:中国、蒙古、俄罗斯。

1. 形态特征

(1)外形。草原鼢鼠外形与东北鼢鼠相似,但尾较长,其上被白色短毛。前爪粗大,第三指上的爪长 10～20 cm。眼小,耳隐于被毛下(图 6-29)。

图 6-29　草原鼢鼠

(2)毛色。草原鼢鼠成兽毛色较淡,一般为银灰色略带淡赭色,上、下唇均为白色。头顶、背部与体侧的毛色相似,毛干灰色,毛尖赭色。腹面毛干灰色,毛尖污白色,尾及后足背面均被白色短毛。幼兽毛色较深,颈、背部为棕黄色。

(3)头骨。草原鼢鼠头骨粗短,在人字嵴处成直截面,鼻骨宽平,后部较窄,明显地短于前颌骨的鼻突,颧骨与鼻骨相接处几乎成直线。老年个体的额骨与顶骨上有明显的平形嵴,鳞骨前方的嵴不大,人字嵴相当粗大。眶前孔略成三角形,额弓向两侧突出,最宽处在弓颧前部。门齿孔小,臼齿前方有一不明显的凸起。听泡扁平。

(4)牙齿。草原鼢鼠上门齿末端伸到臼齿列的前方。第一上臼齿最大,后两枚逐渐减少。3个上臼齿很相似,每一个臼齿的内侧均有1个凹角,外侧有2个凹角。第一下臼齿内侧有3个凹角,外侧有2个。其咀嚼面的最前叶近似圆形。第二下臼齿内、外侧各有2个凹角,第三下臼齿外侧两凹角不明显,因此外侧几乎呈弧形,内侧第一凹角较深,第二凹角浅,最后一叶成为向后伸的凸起。

2. 生活习性

(1)活动。草原鼢鼠营地下生活,极少到地面活动。不冬眠。居住地较固定,活动范围也很有限。只有在大旱或降雨过多的特殊年份,才会出现由高处向低处或由低处向高处迁移的习性,迁巢距离一般不超过 1 000 m。草原鼢鼠全天活动,夜间比较活跃;5月份和9月份为活动高峰期。草原鼢鼠的感觉非常灵敏,能在地下感知地面轻微的动静,并迅速逃离活动地点,当地面沉寂安静后,才再次恢复活动。秋季觅食产生的土堆大多呈无序排列,土堆的数量及位置,大多都与喜食植物的分布有关。草原鼢鼠有怕风畏光、堵塞开放洞道的习性,当洞穴被打开时,它会很快推土封洞。

(2)巢穴。草原鼢鼠的洞穴较复杂,洞系由洞道、巢室、仓库、厕所以及废弃堵塞的盲端组成。地表无洞口,洞道距地面一般为 10~15 cm,洞道较长。越冬洞巢室距地表较深,一般在 1~2 m 处,最深可达 2.5 m。洞内有仓库多个,巢室 1~3 个。

(3)食性。草原鼢鼠以植物为食,喜食禾草的地下部分及含水量较多的鳞茎、肉质根型植物的根部,如赖草、羊草、百合、黄芩、山葱等。

3. 栖息环境

草原鼢鼠主要栖息在各种土质比较松软的草原、农田以及灌丛、半荒漠地区的草地上。

4. 生长繁殖

草原鼢鼠的繁殖期为 4～6 月份,5 月份雌鼠妊娠率最高,每年繁殖 1
次,每窝产仔 2～4 只,7 月上旬即可见到活动的幼鼠。

5. 种群分布

种群分布不零散。该种比较常见,但种群数量发展趋势未知。主要分
布于中国、蒙古、俄罗斯。

在中国主要分布在内蒙古高原的东部草原地带,另在与内蒙古毗邻的
黑龙江、吉林、辽宁三省的西部及河北的北部高原草原的过渡地带也有
分布。

1979 年 5 月,在中国辽宁省建平县北部老官地乡的一块约 10 hm² 的
苜蓿草地内,捕获草原鼢鼠 107 只,平均密度为 10.7 只/ hm²。另外,在西
辽河风沙草原,沙壤更适于草原鼢鼠掘洞。据在彰武县章古台目测调查,其
数量高于上述黄土丘陵台地干草原地带。

6.1.30　甘肃鼢鼠

拉丁学名:*Myospalax cansus* Lyon。
别称:地老鼠、瞎老鼠、瞎瞎、罗氏鼢鼠、洛氏鼢鼠。
界:动物界。
纲:哺乳纲。
目:啮齿目。
科:仓鼠科。
属:鼢鼠属。
种:甘肃鼢鼠。
分布区域:中国的甘肃、宁夏、陕西、湖北、四川等地。

1. 形态特征

(1)外形。甘肃鼢鼠外形与东北鼢鼠相似,系体型较小的鼢鼠。成体体
长 150～165 mm。尾长 29～31 mm,有密毛。四肢较弱小,前趾和爪较其
他鼢鼠细弱(图 6-30)。

图 6-30　甘肃鼢鼠

(2)毛色。体背与体侧均为灰褐色,毛基灰褐色,毛尖锈红色。腹毛灰色,杂有锈色调。头部灰色,额与眼间带有少许白色的毛,但不成白斑。鼻吻部与唇周纯白色。尾污黄色,基部颜色较深,向后逐渐变浅,末端已成污白色。足背灰褐色,近趾端为污白色。

(3)头骨。头骨小,颧弓扩展。枕骨斜向弯下。顶脊不发达。

(4)牙齿。门齿强大,唇面黄色,只有 2 个较深的凹陷角。

2. 生活习性

(1)活动。昼夜活动,觅食以白天为主,夜间偶尔到地面上来。不冬眠,但不完全靠仓库存储生活,仍需补充新鲜食物。

(2)巢穴。洞系结构与中华鼢鼠相近,有洞道、窝巢、仓库、粪洞等。但觅食道较浅,距地面仅 5～10 cm。地面土丘也较小,大多不明显。这是与其他鼢鼠不同之处。每个洞系有仓库和食物存放点,约 10 多处。

(3)食性。杂食性,以植物根茎和茎叶为主,几乎各种农作物都吃。据统计,被害的种类有苜蓿、小麦、马铃薯、豆类、甘薯、花生、胡萝卜、青稞、玉米、棉花幼苗、大葱及牧草等。觅食时咬断根系,或将整株植物拖入洞中,造成缺苗断垄。夏季主要采食植物的绿色部分,冬、春季节喜食种子和块根、块茎。洞穴仓库中储存的越冬食物以粮食或块根、块茎为主。曾在洞内仓库中发现 1 600 g 的玉米穗。据杨宏亮等(1991)测定平均日食量,5 月份为 98.8 g,6 月份为 90.4 g,9 月份为 135.3 g。

3. 栖息环境

甘肃鼢鼠属华夏温湿型动物,主要栖息于高原与山地的森林、灌丛、草甸和农田。其分布范围为海拔 1 000～3 900 m,喜生活在土质松软、深厚的地带。多石砾、排水不良处及密林中数量极少。

4．生长繁殖

1 年只产 1 胎,每胎 2~5 只仔。一般 4 月份开始有幼鼠出现,5~6 月份达到高峰,幼鼠出生后 30~45 天与母鼠分居,独立生活。9 月份后亚成体比例下降,种群主要由成体构成。

除新生个体的补充外,影响甘肃鼢鼠种群数量的环境因素为大雨后的直接淹灌;低温、干旱造成的食物短缺;农田耕作对栖息环境的破坏以及天敌的捕食。

5．种群分布

分布于甘肃、宁夏、陕西、湖北、四川等地,其分布区较狭窄。西达岷山,东至大别山,北到秦岭,南抵长江。

6.1.31　五趾跳鼠

拉丁学名:*Allactaga sibirica*。
别称:五趾跳兔、跳兔、跳鼠。
界:动物界。
门:脊索动物门。
纲:哺乳纲。
目:啮齿目。
科:跳鼠科。
属:五趾跳鼠属。
种:五趾跳鼠。
分布区域:亚洲部分地区。

1．形态特征

(1)外形。五趾跳鼠为跳鼠科中体型最大的一种,成体体长超过 120 mm。耳大,前折可达鼻端。头圆,眼大。后肢长为前肢的 3~4 倍,后足具 5 趾,第一和第五趾趾端不达中间 3 趾基部。尾长约为体长的 1.5 倍,末端具黑、白色长毛形成的毛束(图 6-31)。

(2)毛色。五趾跳鼠背部及四肢外侧毛尖呈浅棕黄色,毛基灰色。头顶及两耳内外均为淡沙黄色,两颊、下颌、腹部及四肢内侧为纯白色,臀部两侧各形成一白色纵带,向后延至尾基部分。尾背面黄褐色,腹面浅黄色,末端有黑、白色长毛形成的毛束,黑色部分为环状。

图 6-31　五趾跳鼠

（3）头骨。五趾跳鼠吻部细长，脑颅宽大而隆起，光滑无嵴，额骨与鼻骨连接处形成一浅凹陷。顶间骨大，宽约为长的 2 倍。眶下孔极大，呈卵圆形。颧弓纤细，后部较前部宽，有一垂直向上的分支，沿眶下孔外缘的后部伸至泪骨附近。门齿孔长，外缘外突，末端超过上臼齿列前沿水平。腭骨上只有 1 对卵圆形小孔。听泡隆起，下颌骨细长平直，角突上有一卵圆形小孔。

（4）牙齿。五趾跳鼠上门齿白色，向前倾斜，平滑无沟。上颌前臼齿 1 枚，呈圆柱状，与第三上臼齿约等大。臼齿 3 枚，第一、第二臼齿较大，齿冠结构较为复杂，咀嚼面有 4 个齿突。下颌无前臼齿，臼齿 3 枚，由前向后逐渐变小。下门齿齿根发达，其末端在关节突的下方形成很大的凸起。

2. 生活习性

（1）活动。五趾跳鼠适应性强，活动范围广，不集群生活。五趾跳鼠为夜行性动物，黄昏活动频繁，白天偶尔出洞活动，活动距离常在 1～2 km，所经过的地方掘有多数临时洞穴，作为遇险藏身或临时过夜之用。

（2）冬眠。五趾跳鼠有冬眠习性。冬眠洞穴与栖息洞穴构造相似，只是洞道向下延伸，直至冻土层下。每年自 9 月上旬起陆续进入冬眠，直至翌年 3～4 月份醒蛰出洞觅食。

（3）巢穴。临时洞穴简单，只有 1 个洞口，呈上圆下方的拱桥洞状。临时洞穴的洞道浅，多与地面平行，无居住巢穴。栖居洞穴常筑在较坚实的土质中，洞较复杂，洞口分为掘进洞口、进出洞口及备用洞口 3 种。掘进洞口是筑洞时的出土口，洞口外常有浮土堆，洞道斜行向下，长短不一。掘进洞穴及其洞道在洞成之后均被堵塞。进出洞口四周无浮土，其隐蔽。洞道较小而平缓,土质洞道较短,沙丘上的洞道较长,洞道末端扩大成巢室,繁殖期间垫有细软草叶及跳鼠本身的绒毛、羊毛等物。备用洞口在距巢室较近的位置,直向地面但不挖通,距地面仅 1～2 cm,在危急时刻,五趾跳鼠往往从此处冲出。五趾跳鼠只用 2 条后腿跳跃行动,靠尾巴平衡身体。活动异常机敏,运动速度快。

(4)食性。五趾跳鼠以植物性食物为主。早春的食物以种子为主,兼食草根,同时亦捕食一些甲虫。入夏后以取食野生绿色植物为主,有时亦到耕地盗食一些农作物的幼苗及瓜果蔬菜,或窜入农家猪圈盗食。

3. 栖息环境

五趾跳鼠主要栖居于半荒漠草原和山坡草地上,尤喜选择具有干草原的环境作为栖息位点,荒漠地带偶尔也能见到。

4. 生长繁殖

五趾跳鼠每年繁殖 1 次。3 月中旬至 4 月上旬出蛰。4～5 月份为交配高峰期,此时雄鼠活动范围大,而且频繁,雄性多于雌性。6 月份产仔,每窝 2～4 只,最多产 7 只。7 月份幼鼠大多出洞,而其中大多数为小雄鼠,此时雄性占优势。8 月份之后至入蛰两性比例基本平衡,所以它们的性比有季节性变化的规律。

5. 种群分布

种群分布不零散。该物种的具体数据尚不明确,种群数量发展趋势也未知。

分布于中国、哈萨克斯坦、吉尔吉斯斯坦、蒙古、俄罗斯、土库曼斯坦、乌兹别克斯坦。

在中国分布于黑龙江、辽宁、吉林、河北、山西、内蒙古、陕西、宁夏、青海和新疆等省、自治区。

6.2　兔形目害兽的基本生物学知识

6.2.1　草兔

拉丁学名:*Lepus capensis*。

别称:海角野兔、阿拉伯野兔、布朗野兔、沙漠野兔。

界:动物界。

门:脊索动物门。

纲:哺乳纲。

目:兔形目。

科:兔科。

属:兔属。

种:草兔。

分布区域:广泛分布于非洲、亚洲和欧洲的中南部。

1. 形态特征

(1)外形。草兔体形较大,体长 40~68 cm,尾长 7~15 cm,后足长 9~12 cm,耳长 10~12 cm,体重 1~3.5 kg。尾长占后足长的 80%,为中国野兔尾最长的一个种类。耳中等长,占后足长的 83%。乳头 3 对(图 6-32)。

图 6-32　草兔

(2)毛色。体背面毛色变化大,由沙黄色至深褐色,通常带有黑色波纹;也有的背毛呈肉桂色、浅驼色或灰驼色。体侧面近腹处为棕黄色;颈部浅土黄色;喉部呈暗土黄色或淡肉桂色;臀部颜色通常较背部淡;耳尖外侧黑色;尾背均有大条黑斑,其余部分为纯白色;体腹面除喉部外均为纯白色;足背面土黄色。

(3)头骨。颅骨眶上突前后凹刻均明显。鼻骨后端稍超过前颌骨后端,前端超出上门齿后缘垂直线。脑颅略比华南兔的宽。颧弧后端与前端约等宽或稍宽于前端。内鼻孔明显地宽于腭桥前后方向最窄处。听泡长为颅长的 13.8%~14.2%。下颌骨后部上缘较华南兔的倾斜。髁突不如华南兔的发达。

(4)牙齿。上门齿齿沟极浅,齿内几乎无白垩质沉淀。

2. 生活习性

(1)活动。草兔只有相对固定的栖地。除育仔期有固定的巢穴外,平时过着流浪生活,但游荡的范围一定,不轻易离开所栖息生活的地区。春、夏季节,在茂密的幼林和灌木丛中生活;秋、冬季节百草凋零,草兔的匿伏处往往是一丛草、一片土疙瘩,或其他认为合适的地方。草兔用前爪挖成浅浅的小穴藏身。

草兔的耳朵可以向着它感兴趣的方向随意地灵活转动。当它来到一个新的环境时或者见到一个没有见过的物体时,就会竖起警惕的双耳来仔细探听动静。相反,如果处在它认为是安全的环境中时,却会让耳朵向下垂。此外,它的耳朵还布满着无数的毛细血管,当它体内的热量过大时,它的耳朵还可以作为调节体温的散热器,竖立时可以散热,紧贴在脊背上时则可以保温。

(2)巢穴。草兔的小穴,长约 30 cm,宽约 20 cm,前端浅平,越往后越深,最后端深 10 cm 左右,以簸箕状,中国河北省的猎人把这种草兔藏身的小坑叫作"掩子"。草兔匿伏其中,只将身体下半部藏住,脊背比地平面稍高或一致,凭保护色的作用而隐形。受惊逃走或觅食离去,再藏时再挖,有时也利用旧"掩"藏身。

(3)食性。草兔在一般情况下是不能喝水的。草兔的胃很娇嫩,负担不了过多的水分。它体内所需要的水分大多是依靠食物提供的。由于每天取食大量的青草和青菜,里面都含有相当多的水分,在一般情况下,这些水分就足够了,如果再喝下一些水,就会造成负担,引起肠胃炎而腹泻,甚至可能导致死亡。不过,当草兔体内的水分缺乏时,它也会感到渴,也要喝一点水。

主要以玉米、豆类、种子、蔬菜、杂草、树皮、嫩枝及树苗等为食,对农作物及苗木有危害。

3. 栖息环境

草兔主要栖息于农田或农田附近沟渠两岸的低洼地、草甸、田野、树林、草丛、灌丛及林缘地带。主要为夜间活动。

4. 生长繁殖

每年产 3 胎或 4 胎,早春 2 月份即有妊娠的母兔。妊娠期 1.5 个月左右,年初月份每胎 2～3 只,4～5 月份每胎 4～5 只,6～7 月份每胎 5～7 只,月份增加,天气转暖,食料丰富,产仔数也增加。春、夏季如果是干旱季节,幼仔成活率高,秋后草兔的数量巨增;如果雨季来得早,幼兔因潮湿死于疫病的多,秋后数量就没那么多。

除去各种原因的死亡,1只母兔1年平均可增殖6~9只幼兔。但经过一冬的猎捕,到翌年春天,草兔数量又剧减。

5. 种群分布

该物种分布范围广,不接近物种生存的脆弱濒危临界值标准(分布区域或波动范围小于 20 000 km²,栖息地质量,种群规模,分布区域碎片化),种群数量趋势稳定,因此被评价为无生存危机的物种。

分布于阿尔及利亚、巴林、博茨瓦纳、布基纳法索、乍得、塞浦路斯、埃及、厄立特里亚、埃塞俄比亚、印度、伊朗、伊拉克、以色列、意大利、约旦、肯尼亚、科威特、黎巴嫩、莱索托、利比亚、马里、坦桑尼亚、突尼斯、乌干达、毛里塔尼亚、摩洛哥、莫桑比克、纳米比亚、尼日尔、阿曼、巴基斯坦、巴勒斯坦、卡塔尔、沙特阿拉伯、塞内加尔、南非、苏丹、斯威士兰、叙利亚、阿拉伯联合酋长国、西撒哈拉、也门、津巴布韦等地。

在中国分布也很广,包括东北、内蒙古、河北、宁夏、山西、陕西、甘肃、新疆、山东、河南以及江苏、安徽、湖北的长江北部,四川东部、贵州和云南北部也有分布,但不见于江苏、浙江、广东、广西、福建等地,至少从湖北至江苏的长江这一段可以说是草兔分布的南部界限,长江显然起着重要的阻隔作用。共 14 个亚种,中国有 8 个。

内蒙古亚种:冬天臀部灰色。头及体背面毛浅黄灰色与黑色混合,背中间最为深暗,至胁部即呈鲜明浅淡的土黄色。夏天臀部无灰色;体背面毛色不黑,整个体背呈均匀浅黄色,仅由黑色毛尖使毛色稍微深些。分布于内蒙古的额尔古纳旗、免渡河、喜桂图旗、海拉尔、满洲里、查千诺尔、二连、西马珠穆沁旗、温都尔庙、察哈尔右翼前旗、达尔罕茂明安联合旗、包头等地及宁夏、山西岢岚和陕西北部靖边地区。

河北亚种:体色鲜明,较内蒙古亚种更显出土黄色。冬天臀部不发灰,体侧面有若干白色或浅土黄色长毛。夏天毛薄;体侧无白色或浅土黄色长毛。分布于北京,河北东陵、三河、北戴河、昌黎、怀来、井陉、新安地区,辽宁阜新、彰武、新金、义县等地,吉林公主岭、长春、蔡家沟、白城等地,黑龙江萨尔图、玉泉、小岭、哈尔滨、齐齐哈尔、洮南、宋站、喇嘛甸等地,山东西北、西南、中南和胶东地区,河南开封及其他东部地区,安徽和江苏长江以北地区。

山西亚种:臀部不为灰色。体背面和体侧面黄色较河北亚种的浅,但明显较为粉红,耳背面的毛及耳缘外侧长毛均呈现较为明显的土黄色。分布在山西中阳、翼城、沁水、垣曲、永济地区,陕西榆林、延安、甘泉、西安、洛川、凤翔地区,河南西北部地区。

6. 保护级别

该物种已被列入中国国家林业局 2000 年 8 月 1 日发布的《国家保护的有益的或者有重要经济、科学研究价值的陆生野生动物名录》。

列入《世界自然保护联盟（IUCN）2008 年哺乳纲兔类红色名录》ver 3.1——低危（LC）。

6.2.2　高原兔

拉丁学名：*Lepus oiostolus*。

别称：灰尾兔、绒毛兔。

界：动物界。

门：脊索动物门。

纲：哺乳纲。

目：兔形目。

科：兔科。

属：兔属。

种：高原兔。

分布区域：青藏高原（中国、印度、尼泊尔）。

1. 形态特征

（1）外形。高原兔体型大，体长为 35～56 cm，尾长 7～12 cm，成体体重约 3 kg。高原兔四肢强劲，腿肌发达而有力，前腿较短，具 5 指；后腿较长，肌肉、筋腱发达，具 4 趾，脚下的毛多而蓬松。耳长向前折超过鼻端，约 115 mm，大于后足长。毛长而柔软，底绒丰厚。尾较短（图 6-33）。

图 6-33　高 原 兔

（2）毛色。冬毛：一般似草兔，颈部浅黄色，略带粉红色；耳端外侧黑色，体侧面有长的白毛;臀部灰色;尾上面中间有一纵纹,呈灰色、褐色、褐灰色或灰褐色,其余为白色或带灰色;喉部为浅棕黄色;胸、腹部白色;足背面白色,略带粉红色和浅黄色。

夏毛:背部沙黄褐色,头颈和鼻部中央毛基灰而尖端呈沙黄色、黑色或杂少量全黑之毛。眼周毛色稍浅,颊部毛色沙黄,其间杂有全黑或具白尖的针毛。臀毛灰色。体侧毛色较背部淡,亦有稀疏白色针毛伸出毛被之外。尾背中央有一窄暗褐灰色毛区,尾毛基灰色,尖端白色。腹毛纯白色。前肢淡棕黄色,后肢外侧棕色,内侧及足背白色。

初生幼仔毛色比成体更显沙黄,体背毛被上段明显卷曲,致使密集的黑色毛尖呈现波浪状。臀部与体背同色,待首次换毛后才能现出铅灰色或银灰色。

(3)头骨。高原兔头骨较大,外形较粗壮;成体颅全长不少于 90 mm;颧弓平直;额前部低平,后部隆起,两侧有向上斜伸的骨棱;眶后突极大,并且明显地向上翘起,使其外缘明显地高出眶间额骨部分,而与额骨形成一个角度;头骨侧面观,眼眶的高度也比其他种高;顶骨两侧微凸,中缝无明显的矢状嵴,顶间骨骨缝不清晰,成体时骨缝完全消失;颧骨平直,不向外侧突出,听泡小而低,宽度仅为两听泡间隔的 60%;枕骨上方有明显的较大增厚部分;腭骨宽度短于翼骨间宽。门齿孔后部外侧 1/3 处显著外突。下颌关节间较大,关节突略向后延伸。

(4)牙齿。高原兔齿式为 28,上门齿 2 对。第一对门齿大而弯曲。第一对门齿后方有 1 对圆柱状而较小的门齿,门齿齿龈很长,向后延伸,可以直至上颌与前颌骨间的骨缝附近。上颌第一前臼齿前侧方的齿棱不很明显,下颌齿列长度明显长于下颌齿隙之长度。

2. 生活习性

(1)活动。高原兔虽然生活于各种类型的环境,但一般仍有其较固定的活动范围,只要不受惊动,则常在一处出没,高原上的经常大风及较低的气温,使得它们均选择避风的位置而卧。高原兔白天在灌丛、草地上活动,在交配期间或晴朗的天气时,有时可以看到数只在一起摄食,或相互作短距离缓慢追逐,同时亦能听到咕咕咕的叫声。傍晚,高原兔就离开白天的休息地而开始活动。整个晚上是活动的高峰,直至日出又返回隐蔽处休息。

(2)食性。高原兔是食植物性动物,在农业区以作物的幼茎、嫩芽、花、果实和块根以及各种杂草为食,被危害的作物种类很多,如麦类、豆类和蔬菜等。它的食物中 80%～90% 为各种作物,杂草只占 10%～20%。在牧区则啃食各种优良牧草及种子,影响牧草的更新。冬季,特别在下大雪后,由于周围食物缺乏,就跑向较远的地方,或到居民点附近去觅食。如进入牧场的牲畜圈内或谷物场上盗食燕麦、青稞、豌豆等。

（3）巢穴。一般无洞穴,在有旱獭活动的地区则常利用旱獭的废弃洞。冬季在灌丛中挖一卧穴,巢的形状及大小可供识别高原兔的性别:雌兔巢为卵圆形,深而大;雄兔巢为长圆形,长而直。

3. 栖息环境

高原兔栖息于海拔 2 100～4 000 m 的高山地带、高山草原、高山草甸草原、河谷及河漫滩灌丛,亦可栖息在植被生长比较茂盛的"荒漠、半荒漠绿洲"中,对隐蔽条件要求较高,故在芨芨草丛、黑刺灌丛、河漫滩及河谷两岸阶地、灌丛生境中数量较多。

4. 生长繁殖

高原兔每年繁殖 2～4 胎,4～8 月份繁殖,妊娠期约 25 天,每胎产 4～6 只仔,初生幼仔体重约 100 g。由于分布区不同,繁殖会有一定差异:在青藏高原,高原兔每年繁殖 1 胎,7 月份妊娠,8 月份可见幼兔,每胎 4～5 只;在云南省 4 月份妊娠,5 月份可见独立幼兔寻食活动。

5. 种群分布

中国以外分布于克什米尔地区,以及尼泊尔和印度等地。中国境内分布于甘肃、西藏、青海、新疆、四川、贵州和云南等地。

6.2.3　达乌尔鼠兔

拉丁学名:*Ochotona daaurica*。
别称:兔鼠子、耗兔子、啼兔、蒙古鼠兔、达呼尔鼠兔。
界:动物界。
门:脊索动物门。
纲:哺乳纲。
目:兔形目。
科:鼠兔科。
属:鼠兔属。
种:达乌尔鼠兔。
分布区域:中国、蒙古及俄罗斯等地区。

1. 形态特征

(1)外形。体形中等,较粗壮,体长 150～200 mm,体重 73～170 g;头大,外耳壳呈椭圆形;吻部较短,上唇纵裂为左、右两瓣。四肢短小,后肢长 26～31 mm,后肢略长于前肢,前肢五指,后肢四趾,指趾端隐藏在毛被中,爪较弱;无尾(图 6-34)。

图 6-34　达乌尔鼠兔

(2)毛色。夏毛短而稀,背面为沙黄色、土黄色或沙黄褐色,间杂一些黑色细毛;耳后有一淡黄色区,耳内侧土黄色,周缘白色。冬毛长而密,背面自吻端至尾基部均为沙黄褐色;吻侧具黑色或沙黄色的长须;眼周有窄黑色缘;耳背面黑褐色,内侧沙黄褐色,耳缘具有明显的白色边缘;腹面毛基部灰色,尖端污白色,喉部有一土黄色斑,并延至胸部;四肢外侧与背部毛色相同,内侧较淡,足背面为沙黄色或污白色,腹面具浅黄褐色而且较硬的短毛。

(3)头骨。头骨中等大小,鼻骨狭长,前端稍微膨大,向后逐渐变窄,末端弧形;额骨中部明显隆起;顶骨前部隆起,后部扁平;具人字嵴和矢状嵴;颧弓较粗壮,后端延伸成一长的凸起;左右前颌骨仅在腹面前端相接,门齿孔与腭孔愈合;犁骨露于外方;听泡大。

(4)牙齿。上门齿 2 对,前后排列,第一对大而弯曲,前面内侧具有明显的纵沟;第二对门齿较小,紧靠前齿后方呈棒状。第一对上前臼齿较小,呈扁圆柱状,其余上前臼齿及上臼齿形状不规则,内侧均具 2 个突棱。下门齿 1 对,平直而长,斜向前伸出。第一下前臼齿呈不规则形,外侧有 3 个突出棱;第二下前臼齿与前 2 个臼齿形状基本相同;第三下臼齿仅具单个齿嵴。

2. 生活习性

(1)活动。达乌尔鼠兔营白昼活动,不冬眠,全年均活动,当春季气候变暖时,头年冬季储存的草已吃尽,为寻找绿色植物,活动范围扩大,活动半径

10～20 m 或更远。春季中午不热,日活动为单峰型。夏季日照增长,气候炎热,为了避免日光曝晒,中午停止活动。早上 4 时 30 分～10 时 30 分,下午 17 时 30 分～20 时分外出活动,由于食物丰富,活动范围较春季缩小。秋季气候变凉,中午日光不如夏季强烈,活动又变成单峰型,是全年活动最长的季节,为储草作准备,清理仓库,待草由绿转黄时开始储草。冬季严寒出洞外活动的时间较短,在积雪时仍然活动。在雪下挖有通道,并有洞口开于雪面。上午无风时,喜在洞口晒太阳,有时亦在雪上活动,但一般活动范围不超过 10 m,稍有风雪就立即跑回洞中。

(2)巢穴。达乌尔鼠兔营群栖穴居生活,洞系可分为简单洞(夏季洞)和复杂洞(冬季洞)。简单洞多数只有 1 个洞口,无仓库。复杂洞具 3～6 个圆形至椭圆形洞口,直径 5～9 cm。洞口附近有球形粪便,鲜粪草黄色,陈粪灰褐色,洞口间有宽约 5 cm 的网状跑道。洞口通道与地面成 30°～40°的角度并延伸约 50 cm 后与地面平行。洞道结构复杂,弯曲多支,总长 3～10 m。洞道中部有一窝巢,内铺以碎草,窝形扁平。距洞口不远处有仓库 1～3 个。

(3)食性。达乌尔鼠兔为草食性动物,主食植物的根、茎、叶,偶尔取食农作物种子。夏季以禾本科、莎草科、冷蒿、锦鸡儿等为主,也食小麦、马铃薯、苜蓿等的幼苗;秋季则加害果实。生长季节主要食植物的绿色部分。最喜食植物的茎叶,如变蒿、双齿葱和二裂委陵菜。1 只成年鼠兔平均日食鲜草 59.85 g,1 年采食约 21.85 kg 鲜草。有储草习性,每年 8～10 月份储草,先将牧草咬断,然后拖至洞口附近堆成小堆,每堆 3～5 kg,待晾干后拖入洞内储藏,供冬季食用,鼠兔数量多时,在 2～3 km² 的面积内可见近千个草堆。主要储存的植物有菊叶委陵菜、铁杆蒿、变蒿、木地肤和冷蒿等。

3. 栖息环境

达乌尔鼠兔是东蒙温旱型动物,栖息于高原丘陵、典型草原和山地草原。河西走廊以蒿草群落的草地最为常见。栖息地常有由委陵菜、锦鸡儿等组成的矮小灌丛。在祁连山东段以莎草科为主要群种的植被阳坡草甸草原为多,如山丹境内南面祁连山前山阶地草原上该鼠兔数量多、密度高,对草原破坏十分严重。挖洞于生长有锦鸡儿、芨芨草根旁的地埂上,山坡农田、草原、塬地边缘。

4. 生长繁殖

达乌尔鼠兔的繁殖因地区、海拔高度不同而不同。一般每年繁殖 2 次或 3 次,于当年的 4～7 月份(或 3～9 月份)进行,6 月份繁殖率最高,妊娠期 15～20 d,每胎产 5～12 只仔,最高 14 只仔。7 d 后幼鼠兔就可随母鼠兔在洞外活动,雌性幼崽 21 d 即性成熟,繁殖力强。

5. 种群分布

中国分布于内蒙古、黑龙江、河北、山西、陕西、青海、宁夏等地。中国以外见于俄罗斯和蒙古。

在不同栖息地或分布区,达乌尔鼠兔种群数量差异很大。在内蒙古地区,每公顷草场上平均有洞口 35 个,1 天内盗洞率为 30%;在青海同德巴滩,平均每公顷有洞口 336.9 个,密度高的地区甚至高达 500 个,中等密度地区洞口系数为 0.125 只/洞口,折合每公顷有鼠兔 28 只。

种群数量的变动很大。从秋季到翌年春季其密度仅为原来的 1/25～1/30。年度的数量变动亦十分显著,高数量峰年密度可超过低谷年 10 倍以上。在草原常与布氏田鼠互相更替,当草场植被较好时,鼠兔增多;草场退化时,布氏田鼠数量增多。

6.2.4 高原鼠兔

拉丁学名:*Ochotona curzoniae*。

别称:黑唇鼠兔。

界:动物界。

门:脊索动物门。

纲:哺乳纲。

目:兔形目。

科:鼠兔科。

属:鼠兔属。

种:高原鼠兔。

分布区域:西藏、青海、甘肃、四川。

1. 形态特征

(1)外形。高原鼠兔体形中等,体重可达 178 g,体长 120～190 mm。耳小而圆,耳长 20～33 mm。后肢略长于前肢,后足长 25～33 mm,前后足的指(趾)垫常隐于毛内,爪较发达,无明显的外尾,雌兽有乳头 3 对(图 6-35)。

(2)毛色。吻、鼻部被毛黑色,耳背面黑棕色,耳壳边缘淡色。从头脸部经颈、背至尾基部呈沙黄色或黄褐色,向两侧至腹面颜色变浅。腹面污白色,毛尖染淡黄色泽。

图 6-35　高原鼠兔

（3）头骨。额骨上无卵圆形小孔。整个颅形与达乌尔鼠兔相近，但是眶间部较窄而且明显向上拱突，从头开侧面观呈弧形，脑颅部前 1/3 较隆起而其后部平坦。颧弓粗壮，人字峭发达，听泡大而鼓凸。

（4）牙齿。门齿孔与腭孔融合为一孔，犁骨悬露。上、下须每侧各有 6 颗颊齿。

2. 生活习性

（1）巢穴。高原鼠兔终生营家族式生活，穴居，多在草地上挖密集的洞群，洞口间常有光秃的跑道相连，地下也有洞道相通，洞系分临时洞和冬季洞。其巢区相对稳定，每个巢区的家族成员平均为 2.7 只（最多为 4 只），配对前巢区面积平均为 1 262.5 m^2，配对后巢区面积略有扩大，平均为 2 308 m^2。各自的巢区比较稳定，有明显的护域行为。高原鼠兔很奇特，有的是一夫一妻制，有的是一夫多妻制，还有少数多夫多妻制，3 种现象并存，这在其他动物身上是不可能出现的。高原鼠兔属白昼型活动的种类，活动距离一般距中心洞 20 m 左右。

（2）食性。以各种牧草为食，不冬眠，秋季也不贮存越冬用的牧草。主要取食禾本科、莎草科及豆科植物，平均每日采食鲜草 77.3 g，约占其体重的一半。

3. 栖息环境

主要栖居于海拔 3 100～5 100 m 的高寒草甸、高寒草原地区，喜欢选择滩地、河岸、山麓缓坡等植被低矮的开阔环境，回避灌丛及植被郁闭度高的环境。

4. 生长繁殖

高原鼠兔的繁殖从 4 月份开始，5 月份为妊娠高峰期，至 8 月份结束。妊娠期 30 天，每胎通常产 3~4 只仔，多达 6 只仔。每年可繁殖 2 胎，繁殖期雌、雄同栖一洞，以后各自独立生活。在整个夏季，鼠兔中的成年雌性将会一连串成功产育窝生幼崽，这使它们的数量急剧攀升，稠密度大约能达到每公顷 300 只。高原鼠兔能发出 6 种不同的声音，成年鼠兔在求偶交配时发出长而急促的"咦"的声音，幼年鼠兔声音相对小而温柔。

5. 种群分布

高原鼠兔在高山草甸和草原上才可见，是青藏高原特有种，该物种的模式产地在西藏南部。主要分布于青藏高原及其毗邻的尼泊尔等地。在中国分布于青海境内的各州、县，青海省外见于甘肃南部、四川西北部和西藏等地区。

高原鼠兔是青藏高原的特有种和关键种，对维护青藏高原生物多样性及生态系统的平衡起到重要作用。它所挖掘的洞穴本来是为了躲避冷酷的气候和食肉动物，却可以为许多小型鸟类和蜥蜴提供赖以生存的巢穴；对微生境造成干扰，引起植物多样性的增加；同时，高原鼠兔也是草原上大多数中小型肉食动物和几乎所有猛禽的主要捕食对象。高原鼠兔的洞穴是"天然如厕之所"，滋养了植物，为植物品种多样性提供了条件。

6.2.5 西藏鼠兔

拉丁学名：*Ochotona thibetana* Milne-Edwards。

别称：啼兔。

界：动物界。

门：脊索动物门。

纲：哺乳纲。

目：兔形目。

科：兔科。

属：兔属。

种：高原兔。

分布区域：青藏高原（中国、印度、尼泊尔）。

1. 形态特征

(1)外形。体形较达乌尔鼠兔小而细长。体长一般不超过 155 mm。耳较大,椭圆形,高度不超过 27 mm。四肢短小,后肢略比前肢长。无尾,尾椎隐藏于毛被之下,上唇有纵裂(图 6-36)。

图 6-36 西藏鼠兔

(2)毛色。体毛毛色较灰暗,夏毛背部棕黑色,毛基黑色,中上部浅棕色,毛尖黑褐色;体侧颜色较背色为淡;耳外侧黑褐色,内侧棕黑色,边缘有窄白边,耳前方有一撮淡色毛丛,耳后近颈部处有一淡色斑块。触须棕色或棕黄色,较短;头部及吻端颜色较背部暗深;头侧、颈部淡棕黄色,整个腹毛基色灰黑;额部毛尖白色;腹部中央淡棕黄色,两侧污白色;四肢外侧毛色同背部毛色,内侧毛色与腹部相同,足背淡棕黄色,趾部有黑褐色密毛。冬毛背部颜色比夏毛稍浅淡,毛基部灰黑色,毛尖黄褐色,故整个背部毛色呈黄褐色,体侧淡黄褐色;腹毛颜色同夏毛,耳后淡色毛斑不及夏毛明显。

(3)头骨。头骨较平直狭长,颅全长小于 40 mm,脑颅低平,棱角不大明显,背部平直;额骨略突出,中间骨缝处稍凹入;顶骨前部略上凸,后部低平,人字嵴和矢状嵴很低,人字嵴向两侧延伸与颞嵴相接;颧弓呈平行状,前宽后略窄,末端有一细长凸起;门齿孔与腭孔合并成一个大孔;梨骨不被前额骨边缘遮住。腭长一般不超过 14.5 mm。听泡中等,不十分隆起。齿隙长与齿列长相等。

2. 生活习性

(1)活动。昼夜活动,冬不蛰眠,甚至在雨天和雪天,亦常外出觅食。

(2)巢穴。营穴居生活,筑洞穴于干草根、灌丛及土块之下,也有利用旱獭废弃洞道侧壁挖洞营巢。洞道一般距地面 10 cm,根据洞穴结构,可以分为 2 种类型:一种结构复杂,全长 3 m 以上,具多个分支,洞道出口多,洞内有贮室和 1 个巢室,名曰居住院洞;另一种构造简陋,洞道全长仅为 40～

50 cm,有1~2个分支,分支末端各有一个与地面相通的出口,此种洞穴用于临时休息或躲避敌害,称临时洞。洞群各出口之间,有跑道相互贯连。洞口近旁常堆积有粪便,粪便呈圆球状,新鲜粪便颜色黄绿,陈旧粪便为灰黄色。

(3)食性。食性以植物为主,经常取食莎草科、禾本科等植物的茎、叶,亦食山柳、浪麻鬼箭等小灌丛的嫩叶及其他植物嫩根。胃内偶尔有甲虫残骸。

3. 栖息环境

栖息于海拔 3 000~4 000 m 的高山草甸、灌丛、芨芨草滩、山坡草丛中,尤其以山柳、金露梅等不占优势的灌丛中最多。在祁连山西段,主要分布在针茅、苔草为主的生境中,以双子叶植物为建群种的阶地、山麓平原上数量最多。有时也栖居在河渠边的马蔺、苔草滩上。

4. 生长繁殖

1 年繁殖数次,繁殖期为 5~6 月份,8~9 月份常有妊娠雌鼠,每胎产5~6 只仔。分布区内数量较多,但由于其群居性不如达乌尔鼠兔强,故无密集聚居之现象。天敌主要有狼、狐、黄鼬、香鼬、艾鼬、鸨、鹰等。

5. 种群分布

西藏自治区内分布于祁连山地和甘南。国内分布甚广,北自山西,南至云南,东至湖北西部,西至青海、四川等地;国外见于锡金。

6.2.6　间颅鼠兔

拉丁学名:*Ochotona cansus* Lyon。

别称:鸣声鼠。

界:动物界。

门:脊索动物门。

纲:哺乳纲。

目:兔形目。

科:鼠兔科。

属:鼠兔属。

种:间颅鼠兔。

分布区域:我国草原地区。

1. 形态特征

（1）外形。体形比西藏鼠兔小，体长 135 mm 左右，耳较小，耳长约 20 mm。前足 5 指，爪粗长；后足 4 趾，爪细长（图 6-37）。

图 6-37　间颅鼠兔

（2）毛色。夏毛背部暗黄褐色；耳廓黑褐色，耳缘具明显的白色边缘；体侧淡黄棕色，吻周、颊和腹面污灰白色；喉部棕黄色，向后延伸，形成腹面正中的棕黄色条纹；足背浅棕黄色。冬毛较夏毛灰，腹面为污白色。

（3）头骨。头骨额骨低平，门齿孔与腭孔合并为一个大孔，头骨的背面比较平直，颧弓不外凸，近乎平行，颧宽仅占颅全长的 46.3%，整个脑颅近似梨形，眼眶相对较小，眶间宽平均为 3.7 mm，鼻骨前 1/3 处稍膨大，后部等宽。

2. 栖息环境

栖息于海拔 2 200～4 000 m 的高山草甸灌丛、山地针阔叶混交林带的林缘草地。穴居于树根、草丛农田田埂及乱石堆中。数量极多，洞穴较浅，洞道深度距地面约 10 cm。以草为食，破坏草原，昼夜均可活动，冬不蛰眠，5～8 月份为繁殖期，每胎产 2～6 只仔。

3. 种群分布

是中国的特有物种，分布于山西、青海、甘肃、四川、西藏等地，多见于山地草原、草甸、灌丛、耕地。该物种的模式产地在甘肃临潭地区。

具有以下 4 个亚种。

间颅鼠兔指名亚种（*O. cansus cansus*）。在中国大陆，分布于青海、甘肃、四川等地。该物种的模式产地在甘肃临潭地区。

间颅鼠兔锡金亚种(*O. cansus sikimaria*)。在中国大陆,分布于西藏等地。该物种的模式产地在锡金。

间颅鼠兔山西亚种(*O. cansus sorella*)。在中国大陆,分布于山西等地。该物种的模式产地在山西宁武地区。

间颅鼠兔四川亚种(*O. cansus stevensi*)。在中国大陆,分布于四川等地。该物种的模式产地在四川康定地区。

4. 保护级别

该物种列入《世界自然保护联盟(IUCN)2013 年濒危物种红色名录》ver3.1——易危(VU)。

已被列入中国国家林业局 2000 年 8 月 1 日发布的《国家保护的有益的或者有重要经济、科学研究价值的陆生野生动物名录》。

6.2.7 大耳鼠兔

拉丁学名:*Ochotona daurica*(Pallas)。
别称:草原鼠兔、蒙古鼠兔、达乌里啼兔、篙菟子、鸣声鼠和青苔子等。
界:动物界。
门:脊索动物门。
纲:哺乳纲。
目:兔形目。
科:鼠兔科。
属:鼠兔属。
种:大耳鼠兔。
分布区域:国内分布于新疆、青海和西藏等地;国外分布于尼泊尔。

1. 形态特征

(1)体形。吻侧须极长,后伸可达前肢后方。后肢稍长于前肢,足垫小。体长 150~200 mm,外形粗壮,耳圆大,无白色毛边,其长可达 30 mm(图 6-38)。

(2)毛色。体毛颜色夏冬不同。夏毛体背由吻端经颈、背部至臀部均为红棕色,毛基灰黑色,毛尖红棕色;背部灰棕黄色,背部中央毛尖黑色,致使背中央毛色较为深暗;颈背有一小块暗黄色毛;耳壳内外侧密被纯黄棕色短毛,前侧方有一小束淡色长毛;体腹面与四肢内侧白毛,毛基暗灰色,所以腹部常呈污白色;颈下与胸部中央,有时出现少许棕色毛;前、后足背灰色。冬毛较长,背部和四肢外侧为沙黄褐色或黄褐色,腹毛基部灰色,尖端乳白色;

在颈下与胸部中央有一沙黄色斑。

图 6-38　大耳鼠兔

（3）头骨。头骨较粗短，颅全长不超过 45 mm，从背面观其轮廓弧度很大；鼻骨前 1/3 处略膨大，鼻骨后部外缘平行；额骨前部宽平，有 1 对卵圆孔，孔上盖有一层透明黄膜；额后部隆起，为头骨最高处；顶骨前部隆起、后部低平，顶间骨前窄后宽，略呈三角形，颧弓不十分外凸，两侧几乎平行。门齿孔与腭孔愈合为一个大孔，孔的边缘平滑无波折，犁骨露于外方。听泡很大。

2. 生活习性

（1）活动。大耳鼠兔为典型的草原动物，一般栖息于沙质或半沙质的山坡、平原及高山草甸平原。昼间活动，夏季中午炎热，地表温度高，洞外活动少，所以一日内呈现上午、下午两个活动高峰；冬季时两个活动高峰相隔时间缩短。不冬眠。有积雪时，在雪下挖洞继续活动，洞口开于雪面，无风时，喜在洞口晒太阳。

（2）巢穴。营群栖穴居生活，洞系可分为简单洞（夏季洞）和复杂洞（冬季洞）。简单洞多数只有 1 个洞口，无仓库。复杂洞较深，有 3～6 个圆形至椭圆形洞口，直径 5～9 cm。洞口附近有球形粪便，鲜粪草黄色，陈粪灰褐色，洞口间有宽约 5 cm 的网状跑道。洞口通道与地面成 30°～40°角，并延伸约 50 cm 后与地面平行。洞道结构复杂，弯曲多支，总长 3～10 m。洞道中部有一窝巢，内铺以碎草，窝形扁平。距洞口不远处有仓库 1～3 个。

（3）食性。大耳鼠兔具储草习性，7～9 月份集草，待草晒成半干后拖入洞中贮于仓库里，作为越冬之用。主食植物的绿色部分，亦食嫩茎、幼芽和根。在内蒙古地区，夏季主食冷蒿，其次是锦鸡儿、地椒及禾本科和莎草科的一些植物。

3. 生长繁殖

在内蒙古地区,繁殖期为4～10月份,6月份繁殖率最高。1年繁殖2次,每胎产5～6只,幼鼠7天已长毛并睁开眼,开始到洞外附近活动。

天敌主要有艾虎、银鼠、香鼠、黄鼬及一些猛禽和蛇类。

体外寄生虫有跳蚤和硬蜱。

4. 种群分布

甘肃省内分布于河西走廊各县、甘南、夏河、碌曲、玛曲、临潭、卓尼和永登等地。

6.2.8 柯氏鼠兔

拉丁文名:*Ochotona koslowi*。

别称:突颅鼠兔。

界:动物界。

门:脊索动物门。

纲:哺乳纲。

目:兔形目。

科:鼠兔科。

属:鼠兔属。

种:柯氏鼠兔。

分布区域:主要分布在新疆阿尔金山、昆仑山东段、阿其克库勒湖等地。

1. 外形特征

体型系本属之大型种之一,体长200 mm左右,体重150～180 g。唇周围非黑褐色。眼睛较大。耳壳短而圆,其长不逾30 mm,耳背面黄白色或淡黄色。前肢短,后肢较长,无尾(图6-39)。

图 6-39　柯氏鼠兔

躯体上面毛色呈淡黑色或浅黄褐色,下面灰白色或浅黄白色,为我国青藏高原特有种。记载于西藏北部、新疆东南部和青海西北交界的地区,约在昆仑山脉东段北坡。1984 年在昆仑山的阿其克库勒湖北岸的丁字口获得 7 只标本(4 雄,3 雌)(郑昌琳,1986,1989)。

2. 生活习性

(1)活动。群居营昼间活动,每年繁殖 1～2 胎。

(2)食性。通过显微组织分析法对其胃及结肠内容物和收集的 60 份粪样进行了食性分析,结果表明,柯氏鼠兔胃、结肠内容物和粪便中镜检到可识别植物碎片属 6 科 15 种,其中豆科植物碎片占可识别植物碎片的39.44%,藜科植物碎片占 36%,莎草科植物碎片占 16.42%,禾本科、十字花科和菊科植物碎片分别占 3.75%、2.67%和 1.25%。食性分析表明,柯氏鼠兔偏爱豆科植物。

3. 栖息环境

栖息于海拔 4 200 m 以上的高寒草原和荒漠化高寒草原,优食植物为紫花针茅、羽柱针茅、硬叶苔草和垫状驼绒藜等。

4. 种群分布

在国内,柯氏鼠兔主要分布在新疆阿尔金山、昆仑山东段、阿其克库勒湖等地区。

柯氏鼠兔 1884 年首次发现于中国新疆和西藏的交界处。在此后的一个世纪中,科研工作者再没有找到其踪迹。在动物学界,认为其已灭绝或处于濒危状态。其实,在这一百年中,它并非首次露面,但由于将它误认为其他物种,未引起众人的关注。据有关专家称,柯氏鼠兔走向衰退的主要原因是自然环境进一步恶化,对它们的生存构成了威胁。专家呼吁,保护柯氏鼠兔刻不容缓。1990 年世界自然保护联盟将其定为渐危级濒危物种。1992 年 IVCN 兔形专家组成员专程来中国寻找,却未找到。1998 年,柯氏鼠兔又被列入《中国濒危动物红皮书》中,被中国定为稀有级种类。但由于物种分布和数量有限,国际学术界一直对该物种是否存在表示质疑。

从前对柯氏鼠兔的研究几乎为零,直至 2007 年 10～11 月份,在藏北地区捕获到 13 只柯氏鼠兔,无疑震惊了国际学术界。据悉,新疆环保局科研所正在向有关部门申请该项科研项目,以使这种濒临消失的动物存活下来。

第7章　部分地区害鼠的种群生态学特征

7.1　内蒙古草原害鼠数量变动规律

草原鼠害已成为影响畜牧业可持续发展的主要灾害之一,我国20世纪70年代后期发生草原鼠害以来,国家和地方政府十分重视,每年划拨大量资金用于鼠害防治,并取得了很大成绩。但是,我国草原面积大,害鼠种类较多,鼠害在不同地区年年发生,此起彼伏,形成了年年防治鼠害的被动局面。鼠害形成是由多种原因引起的,其中草场退化为鼠害发生提供了适宜条件。因此,草地鼠害发生是草地退化、荒漠化的重要标志之一。控制草原鼠害的根本途径是防止草场退化,掌握害鼠数量变动规律进行预测预报,开展综合防治,将害鼠数量长期控制在不危害的程度,实现草地的可持续发展。

7.1.1　开展害鼠数量变动规律的研究

1. 建立长期观察点,研究害鼠生态学及数量变动规律

20世纪80年代,中国农科院草原研究所在内蒙古农田和栽培牧草地建立了长期监测点,分别设在呼和浩特郊区(从1984年开始坚持至今)、内蒙古典型草原区正镶白旗天然草场(1986—1998年)、鄂尔多斯沙地草场(1991—1998年)。后两个基点因无经费已中断,尽管这样,也取得了8~11年的连续调查资料,对分析鼠害发生规律具有重要价值。

2. 黑线仓鼠、长爪沙鼠和五趾跳鼠数量变动规律

1984—2002年在呼和浩特郊区农田和栽培牧草地连续调查表明,该地有8种鼠,其中黑线仓鼠、长爪沙鼠和五趾跳鼠为优势种,前两种鼠能形成高密度危害,五趾跳鼠只能在局部地区形成危害。1984—2002年上述3种

鼠的数量(年均捕获率)变化如图 7-1 所示。由图 7-1 可看出黑线仓鼠和长爪沙鼠年间变动曲线经过了低谷—上升—高峰—下降—低谷 4 个时期。黑线仓鼠 1984 年为高峰期,1985—1986 年为下降期,1987—2002 年为低谷期。长爪沙鼠 1984—1991 年为低谷期,1992—1993 年为上升期,1994 年为高峰期,1995—1996 年为下降期,1997—2002 年为低谷期。五趾跳鼠数量较低,尚未看出它们的变动规律。这表明,长爪沙鼠的数量经过 14 年(1984—1997 年)完成了一个变动周期,黑线仓鼠 19 年仍然未完成一个变动周期。1984—2002 年黑线仓鼠和长爪沙鼠数量高峰交替变化,黑线仓鼠数量多时长爪沙鼠数量少(1984 年),长爪沙鼠数量多时黑线仓鼠则少(1994 年)。以此推测,2003 年或 2004 年黑线仓鼠可能形成第二个高峰。

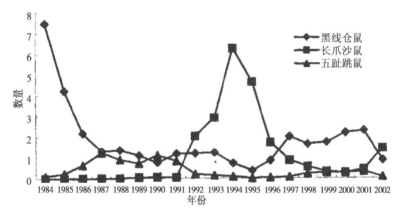

图 7-1　1984—2002 年黑线仓鼠、长爪沙鼠、五趾跳鼠年间数量变动曲线

3. 布氏田鼠、达乌尔黄鼠、黑线仓鼠和黑线毛足鼠数量变动规律

　　1987—1998 年正镶白旗天然草场 4 种主要害鼠年均捕获率如图 7-2 所示。由图看出,布氏田鼠在某些年份能形成高密度,对草场造成危害,另外 3 种鼠都未形成高密度,对草场不会造成危害。布氏田鼠 1987 年为高峰期,1988—1989 年为下降期,1990—1998 年为低谷期。1999 年到现在未调查,笔者曾同锡盟鼠疫防治站和白旗草原站科技人员座谈,了解到这期间未出现像 1997 年那样的高密度,所以 1998—2002 年仍处在低谷期。达乌尔黄鼠、黑线仓鼠和黑线毛足鼠在该调查区数量较少,尚未看出其变化规律。

　　从图 7-1 和图 7-2 可以看出,呼和浩特市黑线仓鼠和长爪沙鼠数量变化与白旗布氏田鼠相似,而白旗的达乌尔黄鼠、黑线仓鼠和黑线毛足鼠数量变化与呼市的五趾跳鼠相似,后 4 种鼠相对比率虽然可以在当地某年份占

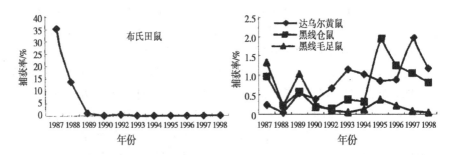

图 7-2　1987—1998 年布氏田鼠、达乌尔黄鼠、黑线仓鼠和
黑线毛足鼠年间数量变动曲线

据优势,但由于实际数量较少,终未形成危害。

4. 布氏田鼠鼠害发生面积

通过对图 7-3 的分析,可以看出从 1980—2013 年的 34 年间,布氏田鼠鼠害 5 次大爆发,种群密度和发生面积达到 5 次高峰,分别是 1982 年、1990 年、1996 年、2002 年、2009 年,相隔 6~8 年;相继出现了 5 次平稳期,分别是 1983—1989 年、1991—1995 年、1997—2001 年、2003—2008 年、2010—2013 年,平均 4~6 年。因此,可理解为这 34 年间害鼠完成了 5 个周期波动,分别为 1980—1983 年(半个周期)、1984—1991 年、1992—1997 年、1998—2003 年、2004—2010 年、2011—2013 年(半个周期)。每一期波动分为低谷期、上升期、高峰期、下降期,一般上升期为 2 年、下降期为 1 年,高峰期 1 年,低谷期 3~5 年。也就是说布氏田鼠种群数量从低谷期—上升期—高峰期—下降期,完成一个周期平均用 6~8 年。最高值的平均值为 880 万亩,最低值的平均值为 80 万亩。因此,平均波动范围为 80 万~880 万亩。平稳期平均有效洞口密度为 720 个/hm²,高峰期平均有效洞口密度为 1 360 个/hm²。

布氏田鼠喜欢栖息于植被比较低矮、盖度在 5%~25% 的中度、重度退化草原上,从土壤条件来看,喜欢土质坚硬或比较松软的岗地、起伏地、坡地地形。最适种群密度受降水、气温、食物、个体领域多种因子的制约,呈岛状分布而保持局部的高密度;一旦条件适合其种群则迅速增长,并向周围扩散发展为弥漫性分布。当它们的数量少时,仅在个别地区呈岛状分布,甚至在曾高数量时有分布的地方也几乎找不见它们的踪迹。因此,其种群增长时具有爆发性、种群衰退时具有快速性的特征。

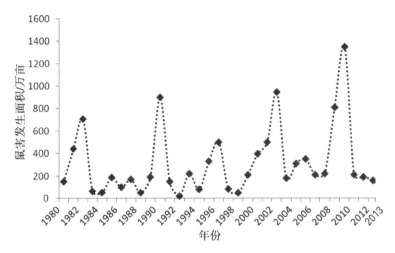

图 7-3　1980—2013 年新巴尔虎右旗布氏田鼠鼠害发生面积波动曲线图

7.1.2　预测预报

经过多年调查对黑线仓鼠、长爪沙鼠均做出了长期预测公式,即用当年 10 月份的繁殖指数预测翌年 4 月份的捕获率。用当年秋季的繁殖指数预测翌年春季的捕获率在实践中极为重要,因为每年春季是鼠一年中密度最低的时期,也是防治的最佳季节,如果春季鼠密度高,则全年的鼠密度会更高;春季鼠密度低,全年也不会很高。

黑线仓鼠预测公式为 $Y=1.4851-1.7595X$。$r=0.9267>r_{0.05}=0.8783$,$df=3$,X 为当年 9 月份或 10 月份的繁殖指数。长爪沙鼠预测公式为 $Y=1.6285+6.4032X$。$r=0.967>r_{0.01}=0.959$,$df=3$,X 为当年 9 月份或 10 月份的繁殖指数。

从 1991 年开始,有关调查机构就发布《鼠情预报》,至今共发布 43 期,准确率在 85% 以上,对鼠害防治决策起到了参考作用。同期对布氏田鼠、黑线毛足鼠、小毛足鼠、子午沙鼠、三趾跳鼠和五趾跳鼠也建立了预测公式并进行预测。

草原布氏田鼠鼠害发生的程度,与自身的生长变动规律相关,尤其是食物和繁殖率;环境中的温度和降水量对产草量的影响,也影响着草原布氏田鼠的取食和繁殖,从而影响害鼠密度和扩散面积。因此,一年当中,春季、秋季害鼠取食活动期和繁殖高峰期时,是环境的温度、降水对害鼠的密度影响的关键期。

另外,通过软件分析害鼠种群数量与年降水量、温度进行相关性分析,发现相关系数未达到显著水平。也就是说环境中的气象因子在一定范围内对害鼠种群数量的波动起不到完全决定性作用,但有一定的关联性,并有时成为种群生存的耐受极限因子。如 1998 年,降水量是正常年的 2.47 倍,最小值的 5.3 倍,无论种群其他最适因子处于何等高位,种群必然走向衰退。

7.2 高原鼠兔繁殖特性和种群数量特征

高原鼠兔是一种植食性小哺乳动物,为青藏高原高寒草甸地区危害最为严重的优势物种之一。高原鼠兔主要栖息于高寒草甸生态系统的矮嵩草草甸内,喜开阔地带。

多年来研究人员对高原鼠兔的生物学、生态学、行为学和疫病防治技术等方面有较多的研究,先后发表有关论文 80 余篇。关于高原鼠兔的繁殖方面的研究也有许多报道,主要工作有年繁殖次数、每胎仔数以及其家庭结构、婚配制度、交配行为等研究。因此,有关高原鼠兔种群数量特征的研究结果为草地害鼠的管理提供了科学基础。

7.2.1 高原鼠兔的种群数量

在青海省果洛州的调查结果表明,达日县、甘德县和玛沁县 3 个县高原鼠兔的平均密度呈现出相似的变化规律。在鼠害严重的 2002 年,单位面积草地上的高原鼠兔最高达 2 400 只/hm² 左右。5 年的平均数量也达 908 只/hm²。另外,草地中也有少量的高原田鼠、高原鼢鼠。而四川省甘孜州高原鼠兔的有效洞口密度为 832 个/hm²,最高达 3 117 个/hm²。按 0.143 的洞口系数折算,1～4 季度每公顷鼠数分别为 114.86 只、168 只、191.43 只和 182.86 只。在三江源地区的调查结果发现,2002 年 5 月份至 2003 年 4 月份高原鼠兔种群的数量(只/hm²)分别为 93、101、143、172、201、203、188、169、136、99、86、81。其中,10 月份种群密度最高,而经过越冬繁殖即将开始前,4 月份种群密度降到最低。

7.2.2 高原鼠兔的性比

有关高原鼠兔性比的研究,在不同地区的研究结果也略微不同。在青海省果洛州捕获的鼠类中,2000 年雌、雄比例是 1.1:1,2001 年雌、雄比例为 1:1,2002 年雌、雄比例为 1.6:1,2003 年雌、雄比例为 1:1,2004 年雌、雄比例为 1.46∶1,5 年平均雌、雄比例为 1.25∶1。在鼠类繁殖旺盛年,雌、雄比例高,高原鼠兔种群数量也大。相关分析表明,高原鼠兔种群数量与种群性别比呈弱的正相关。在四川省甘孜州捕获的高原鼠兔的雄、雌比例为 1∶1.31,雄、雌比例随季节略有变化,平均 R.S 为 44.3±7.2。然而,王金龙等(2004)分别在 2001 年和 2002 年,调查了中国科学院海北高寒草甸生态系统定位站附近的高原鼠兔,标志重捕每年都进行 4 次。2 年内高原鼠兔成体性比在各个时期都趋于一致,表现为 1∶1。2001 年幼体的性比与成体相似,4 次标志均表现为 1∶1;2002 年幼体性比在第三次标记时(♂∶29,♀∶52),性比偏离 1∶1,其他 3 次标记时均表现为 1∶1。同时,比较 2 年之间的性比,没有显著差异。在三江源地区,高原鼠兔幼体的性比为 1∶1。

7.2.3 高原鼠兔的胎仔数及繁殖指数

通过对捕获鼠兔尸体的解剖,果洛地区高原鼠兔 5 年的平均妊娠为 87.5%,产仔数为 3.3~4.6 只。另外,从 5 月份和 9 月份的尸体解剖结果来看,在同一年内,高原鼠兔没有第二次妊娠繁殖情况发生。在四川省甘孜州地区,高原鼠兔妊娠期 22.5 d,繁殖期中,产后哺乳的雌鼠可以继续妊娠,平均胎次为 2.4 胎,胎仔数为 1~6 只/胎,平均为 2.92 只/胎,平均胎仔数随月而异,4~7 月份逐月分别为 3.26 只、3.18 只、3.25 只和 2 只。由此可见,在 4 月份胎仔数最高,而 7 月份胎仔数最少。王金龙等(2004)在中国科学院海北高寒草甸生态系统定位站的调查发现,该地区的高原鼠兔可以每年繁殖 3 次,这是和其他地区明显不同的。但问题在于,他对胎次的确定是以时间来划分的,繁殖最早的定义为第一胎,时间居中的为第二胎,而繁殖最晚的定义为第三胎。而殷宝法等(2004)发现雌性高原鼠兔的成体在整个繁殖期一般繁殖 3 次,极少数可繁殖 4 次。雌性成体在 4 月中旬已开始妊娠,妊娠率为 57.14%。5 月份为繁殖高峰期,妊娠率达 70%。随后妊娠率逐渐下降,伴随有小的波动,到 8 月份仍然有雌体妊娠,8 月 10 日还捕获 1 只妊娠雌性。四川甘孜州高原鼠兔的平均繁殖指数为 1.35,4~7 月份逐月分别为 1.66、1.7、1.76 和 0.29。由此可见,在 6 月份繁殖指数最高,而 7 月份繁殖指数最低。而海北站地区高原鼠兔在 4 月下旬(2.723)和 5 月份(2.074~3.144)繁殖指数较高,处于繁殖的高峰期,在 8 月份繁殖指数最低(0.606),到 8 月中旬时,已基本不繁殖(0.097)。三江源地区高原鼠兔繁殖从 5 月份开始,6 月份为产仔高峰期,8 月份结束,胎仔数为 1~8 只,多为 3~6 只,平均胎仔数为 3.89 只。该地区高原鼠兔仅繁殖 1 次,且亚成体不参与繁殖。

7.2.4　高原鼠兔的存活率

在研究物种的繁殖特性时,物种个体的存活率是一个重要的指标,它可以表明物种个体繁殖成功和繁殖适合度的大小,从而可以进一步探讨物种繁殖行为的进化机制。

殷宝法等(2004)的研究发现,成体在繁殖期的不同时段,其存活率不同。在整个繁殖期间,雄性成体的存活率(63.64%)大于雌体的存活率(34.38%),但在繁殖期的相同时段,雌、雄个体的存活率无显著差异。但张洪海等(2000)的结果表明,1979年6~7月份存活率最高,其中雌体的存活率为0.86,高于雄体的存活率0.77。1980年9~10月份存活率最低,雄体和雌体的存活率分别为0.33和0.54。

各个出生段幼体的存活率比较表明:从出生到20天时,5月份出生幼体和6月份出生幼体的存活率之间无显著差异,但都显著高于7月份出生的幼体和8月份出生幼体。5月份、6月份和7月份出生的幼体20~50天的存活率无显著的差异。

据统计,2000年果洛州现有害鼠面积达256.87万 hm²,占全州可利用草场的43.93%并呈上升趋势。通过5年的观测,高原鼠兔危害区的平均草地产量仅为1 526 kg/hm²,而对照样地(灭鼠区)的产量为4 510 kg/hm²,可见害鼠对草地的破坏是十分严重的。另外,在危害区内,植被盖度仅为55%~65%,优良牧草比例下降,杂毒草滋生,草场质量下降,造成天然草地退化。

高原鼠兔主要分布于高寒草甸地区,栖息于开阔生境,形成了与其特定栖息地相适应的行为特征和生物学特性。鼠群密度的变化是对其生存环境长期适应的结果,并形成了相对稳定的变化规律。植被条件是决定鼠群密度的主导因素。边疆晖等报道,高原鼠兔视地表覆盖物为一种捕食风险源,并对此具有一定的评估能力。江晓蕾的研究表明,在一定范围内,高原鼠兔的种群密度随植被均匀度的下降而增加,两者之间存在极显著的线性相关关系。张卫国等人的试验结果表明,高原鼠兔种群数量的周期性消长变化与年度降水量的变化规律有着显著的趋同性,如达日县、甘德县、玛沁县以及3个县高原鼠兔的平均密度均呈现出相似的变化规律,即2002年高原鼠兔的密度比其余4年高得多,这可能与果洛地区牧草生长季节的年度降雨量不同有关。实验结果还表明,2002年对照区和危害区牧草产量均低于2000年和2001年,但高于2003年,这也从另一个方面印证了高原鼠兔种群密度与牧草生长季节的降雨量有关。另外,刘伟等在玛沁县的研究表明,随着天然草地退化程度的增加,高原鼠兔群数量相应升高,而且高原鼠兔对草地的破坏面积与平均单坑面积呈显著的相关关系,也与鼠兔密度有关。乔安海等在达日县的研究表明,高原鼠兔对牧草的生长有抑制作用。这些结果也印证了本研究高原鼠兔密度与草地牧草产量的变化规律。

性比是反映动物种群的基本特征之一,因此成为种群生态学的主要研究内容。就种群的性比而言,在不同的物种或同一物种在不同的时期和条件下都有极大的不同。王金龙、张承德等在中国科学院海北高寒草甸生态系统定位站的研究表明,高原鼠兔的性比变化比较稳定,基本为 1∶1;沈世英等在果洛的研究结果也是 1∶1。在果洛州 3 个县 5 个样点的研究结果表明,高原鼠兔的性别比只有在 2001 年和 2003 年为 1∶1,2000 年接近 1∶1(1.1∶1),而 2002 年和 2004 年分别为 1.6∶1 和 1.46∶1,5 年平均为 1.25∶1。这与不同研究区的自然环境和草地状况有关,还是有其他原因,有待进一步研究。另外,王金龙等、张承德等、殷宝法等报道,高原鼠兔属于一年多次繁殖的动物,每年能繁殖 2～4 胎,而研究在果洛地区没发现高原鼠兔有第二次妊娠情况发生。这可能与研究区高原鼠兔的生境不同,其繁殖策略也随之发生改变有关。

总之,果洛地区鼠害区高原鼠兔 5 年的平均密度达 908 只/hm²,属极严重的鼠害区。该地区高原鼠兔的性别比并非 1∶1,5 年的性别比平均为 1.25∶1,这可能与高原鼠兔的生境不同有关。该地区高原鼠兔每年只妊娠 1 次,在 5 年的调查研究中没发现高原鼠兔有第二次的妊娠情况。

7.3　黑线姬鼠的种群生态学研究

鼠类是多种疾病的宿主动物和传播媒介,调查研究旅游区鼠类群落分布对于控制鼠害、疫情预测和预防鼠传疾病具有重要意义。

黑线姬鼠(*Apodemus agrarius*)是贵州省农田区小型兽类中的主要害鼠,占捕获兽类数量的 62.57%～64.88%。全面了解鼠类种群数量动态,是准确预报其发生趋势的基础,是做好防治工作的重要依据。关于黑线姬鼠种群数量的动态研究,国内已有不少报道,如黑龙江、浙江、辽宁、上海、江西、四川、安徽、湖南、吉林、江苏、河南、山东等地区均有报道。现将部分省、自治区的黑线姬鼠种群生态学特征综述如下,对研究鼠类与疾病关系和防治、减少鼠对人的危害具有重要意义。

7.3.1　贵州省黑线姬鼠的种群数量动态

贵州省不同年度农田区黑线姬鼠种群数量差异极显著。8 个县(市)31

年平均捕获率为 3.04%,以 1992 年种群数量最高,年平均捕获率为7.84%;2011 年最低,年平均捕获率为 1.1%,最高年与最低年相差 6.8 倍。从不同年度种群数量变化趋势(图 7-4)来看,1984—1998 年种群数量较高,年平均捕获率在 3% 以上,1999—2014 年种群数量较低,年平均捕获率在3% 以下。其中,1984—1992 年种群数量波动较大,平均捕获率为 3.19%~7.84%,1993—2011 年种群数量呈逐年下降趋势,平均捕获率由 6.68%下降到 1.1%,2012—2014 年种群数量呈上升趋势,平均捕获率由 1.33%上升到 2.36%。

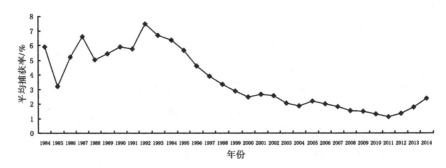

图 7-4 贵州省不同年度黑线姬鼠种群数量变化(引自杨再学 等,2015)

不同月份农田区黑线姬鼠种群数量差异显著。以 6 月份种群数量最高,总平均捕获率为 4.05%;1 月份最低,总平均捕获率为 1.53%,最高月与最低月相差 2.65 倍。从不同月份种群数量变动情况来看,各地种群数量高峰出现的次数和早迟有所不同,余庆县在 5~6 月份和 10~11 月份、息烽县在 6~7 月份和 9~10 月份、凯里市在 6~7 月份和 9 月份、岑巩县在 6~7月份和 10 月份、都匀市在 6 月份和 11 月份、瓮安县在 5~6 月份和 8~9 月份出现 2 个数量高峰,种群数量变动曲线呈双峰型。而大方县仅在 6 月份、雷山县在 7 月份出现 1 个数量高峰,种群数量变动曲线呈单峰型。不同季节农田区黑线姬鼠种群数量差异不显著,以秋季(9~11 月份)最高,平均捕获率达 3.71%,冬季(12 月份至翌年 2 月份)最低,平均捕获率仅为1.66%,两季节之间种群数量相差 2.56 倍,春季(3~5 月份)和夏季(6~8月份)平均捕获率分别为 3.11% 和 3.13%。

7.3.2 吉林省黑线姬鼠的种群数量动态

对吉林省长白山、珲春、和龙和敦化的鼠类进行了调查。在珲春、和龙、敦化 3 市捕获鼠类 1 339 只,经鉴定计 4 科 9 属 11 种。优势种群为大林姬鼠和黑线姬鼠,分别占 31.5% 和 24.1%。耕地的主要鼠种为大仓鼠

(44.5％)和黑线姬鼠(40.3％)；住区的主要鼠种为黑线姬鼠(36.6％)和褐家鼠(20.5％)。耕地生境6月份、7月份、8月份的鼠种组成各有所不同,但均以大仓鼠、黑线姬鼠和褐家鼠为主要鼠种。不同生境、月份的鼠种组成见表7-1所示。

表7-1　不同生境、月份的鼠种组成(％,引自刘国平 等,2007)

生境、月份	鼠总数	大林姬鼠	棕背	大仓鼠	黑线姬鼠	褐家鼠	其他种
针阔混交林	208	67.3	12.5	0	1.9	0	18.3
山谷林地	116	65.5	23.5	0	0.9	0	10.3
采伐林缘	318	30.5	50.0	0	0	0	19.5
耕地	256	4.3	0	44.5	40.3	5.8	5.1
住区	107	8.4	0	15.0	36.6	20.5	19.5
6月份	85	12.9	5.9	18.8	27.0	22.4	13.0
7月份	106	4.7	0.9	69.8	14.2	8.5	1.9
8月份	207	8.7	0.5	19.3	56.5	4.4	10.6

7.3.3　山东省黑线姬鼠的种群数量动态

曲阜地处鲁中山区与鲁西南平原的交接地带。年平均气温为13.6℃,平均降雨量600.3 mm,平均相对湿度68％。气候属暖温带半湿润季风区。"三孔"景区名胜古迹较多,植被丰富,生境特殊,特别是孔林内墓群、洞穴、树洞分布较广,为鼠类栖息、生长和繁殖提供了有利条件。本次调查共捕鼠250只,经鉴定有3科5属6种,其中黑线姬鼠、褐家鼠和小家鼠所占比例较大,分别为33.6％、21.6％和19.2％。黑线姬鼠为野外优势鼠种,占捕获总数的41.3％；室内优势种为褐家鼠和小家鼠,分别占捕获总数的35.2％和31.8％。鼠密度随季节不同而变化,全年鼠密度有2个高峰,分别在5月份和10月份。从全年鼠密度分布情况来看,鼠类有季节性变化,高峰期出现在5月份和10月份,鼠密度分别为14％和13.2％。10月份以后鼠密度明显降低,这种情况持续到翌年的3月份。野外鼠密度要高于室内,这主要是由于野外草种、树种较多,水源、食源充足,而室内主要是一些碑座、古迹、雕塑等物品,食源较少。

选择鲁中南丘陵地区如济南市东郊、莒南县、费县等地作为调查点,采用夹日法,以花生米为诱饵,逐月定时定点捕鼠,每月不低于300夹次。对捕获鼠逐一称重,测量体长、尾长,并鉴定种类、性别,计算鼠密度等。

农田鼠类总密度、主要鼠种密度及构成比变化如下。1995—1997年农田鼠总密度消长变化基本一致,鼠类总密度全年变化呈双峰型,7月份为第一个密度高峰,10月份为第二个高峰,后峰较前峰略低。6～10月份农田鼠密度较高(密度在13.8%以上),1～3月份鼠密度较低,以2月份最低,年均鼠密度以1995年最高,为16.65%(1996年为11.67%,1997年为10.35%)。黑线姬鼠密度变化全年亦有2个高峰,一个在7月份,一个在10月份,后峰较前峰略高;黑线姬鼠各年度平均构成比均在70%以上。黑线姬鼠雌鼠各年度繁殖情况类似,繁殖期在3～10月,怀孕率以5月、9月较高,分别为59.16%、40.74%,繁殖指数亦以5月份、9月份较高,分别为3.17、2.36,表明黑线姬鼠在5月份和9月份各有一个繁殖高峰期,两个繁殖高峰之间出现了一个仲夏繁殖低谷,谷底在8月份;全年平均胎仔数为5.05只,以9月份平均胎仔数最高,为5.08只,总雌性比为53.3%,以雌性居多。黑线姬鼠亚成体至老体组妊娠率为1.32%～52.94%,可见黑线姬鼠雌鼠随着年龄的增加,妊娠率亦呈递增趋势。

黑线姬鼠雄鼠全年睾丸下降率为56.62%,其中黑线姬鼠雌性繁殖期在4～9月份,睾丸下位率不低于53%,但下位率的降低又比雌鼠妊娠率降低推迟1个月,在雌性非繁殖期(11月份至翌年2月份)雄性睾丸下位率在9.68%以下,由此可见,雄性睾丸下位率同雌性繁殖活动的变化相一致(刘运喜等,2003)。

7.3.4　北京市黑线姬鼠的种群数量动态

北京市东灵山地区黑线姬鼠种群生态学研究相对较少,人类的经济活动对鼠类群落的影响亦不清楚。研究鼠类的种群动态、群落结构及其作用,是评价该地区环境生态和公共卫生的重要内容,特别是判定一些自然疫源性疾病能否在该地区存在及其流行强度,具有重要意义。

在森林、灌丛和农田3种生境中,以黑线姬鼠为主要鼠种的农田鼠类群落生物量最高,灌丛次之,森林最低。在农田中黑线姬鼠最高,大仓鼠居第二,远高于其他种类,社鼠排第三,小家鼠稍低于褐家鼠排第五。笼统地将捕获鼠分为成年鼠和未成年鼠,成年雌鼠有胎仔或胎斑,雄鼠睾丸在阴囊或腹腔;未成年雌鼠无胎仔和胎斑,雄鼠睾丸在腹腔。黑线姬鼠的成幼比在森林中<1,在灌丛和农田中>1。黑线姬鼠在3种生境中的肥满度都较低,性比居中。在农田中黑线姬鼠的繁殖指数均大于灌丛和森林的黑线姬鼠;黑线姬鼠从3月份开始繁殖,在灌丛中12月份停止,在农田和森林中10月份停止。

7.3.5　湖南省黑线姬鼠的繁殖特性

在洞庭湖区,针对退田还湖工程实施与否的 3 种类型——双退垸、单退垸和不实施退田还湖的农垸(双退垸为已毁的原农田区),以及不实施退田还湖的垸外成熟湖滩草地,分别设置小型兽类群落定位观测点。

就全年四季的综合数据看,雌性鼠总的参产率除生境 7(成熟湖滩)外,均超过 50%,生境 7 最低,生境间均无显著性差异。全年的妊娠率在生境 1 至生境 5(分别为环湖丘岗林地、未退农田类型堤垸、未退农田生境、单退垸类型、单退垸农田类型)均较高,而生境 6(双退垸)和生境 7 较低,与其他生境比,差异显著,其中生境 7 最低,仅为 22.2%。生境 1 至生境 6 的胎仔数基本维持在 4~6 只,生境 7 由于妊娠率较低,仅捕获 2 只妊娠鼠,其中 1 只胎仔数达 8 只,是否为普遍现象有待进一步观察。不论以所有鼠计,还是以雌鼠计,生境 1 至生境 5 的繁殖指数均较高,而生境 6 和生境 7 较低,生境 7 最低。说明在双退区和原有的湖滩草地,黑线姬鼠繁殖强度明显偏低。而所有生境雄鼠的睾丸下降率基本在 80% 以上。夏季是洞庭湖区黑线姬鼠繁殖的一个相对低谷(王勇等,1994),生境 1 至生境 5 基本与整年数据相似,但生境 6 的繁殖参数变化较大。特别是妊娠率,不把夏季计算在内,该生境的数据与生境 1 至生境 5 基本相当,妊娠率达 75%,而包括夏季数据后,妊娠率仅为 25.5%。仔细分析生境 6 的夏季数据,发现其全年繁殖指数下降的主要原因是其夏季繁殖强度锐减所致,在夏季捕获的 152 只样本中,雌鼠为 75 只,雌性比 0.49,当季(7 月份)妊娠雌鼠仅 1 只,妊娠率极低,为 1.4%,繁殖指数仅为 0.03,基本已停止繁殖。但宫角上有宫斑的雌鼠有 33 只,加上妊娠 1 只,参产鼠为 34 只,雌鼠参产率达 45.9%,说明在此之前一段时间还是维持较强的繁殖强度。捕获的 33 只参产鼠的宫斑数平均为 8.06±3.56,范围在 2~16。而原有湖滩生境 7 的数据本身就没有夏季(7 月份)的数据,但其繁殖指数也不高,明显低于其生境同期的水平。由于有些生境捕获的样本数较少,故将类似生境合并计算。结果农田生境与以往的报道相似,繁殖指数较低,但在岗地生境和杨树林的单退垸生境,却相对较高,是否这两个生境较高的森林覆盖率,延缓了夏季高温对黑线姬鼠繁殖的影响,还有待进一步分析。

从我国黑线姬鼠种群数量季节消长规律研究报道来看,在高纬度地区,黑线姬鼠种群数量的季节消长曲线呈单峰型。如黑龙江省引龙河地区仅在 9~10 月份出现 1 个数量高峰;内蒙古伊图里河地区在 9 月份出现 1 个数量高峰。在我国大部分地区黑线姬鼠种群数量季节消长曲线呈双峰型,如辽宁省营口市 2 个数量高峰在 5 月份和 10 月份;吉林省在 6 月份和 10 月份;安徽省涡阳县在 3~4 月份和 9 月份;河南省西华县、郾城区在 4~5 月份和 7~8 月份;山东省费县在 7 月份和 10 月份;江西省安义县在 5 月份和 12 月份;上海地区在 4~6 月份和 10~12 月份;四川平原在 6 月份和 10~11 月份;江苏省沿海地区在 4 月份和 9 月份,江苏省通州市在 5~6 月份和 10~11 月份;浙江省义乌市在 6 月份和秋末冬初的 12 月份,浙江省缙云县在 2 月份和 11~12 月份,浙江省临海市在 6 月份和 12 月份,浙江平原在 6 月份和 11 月份,浙江省诸暨市在 6 月份和 11 月份;湖南省洞庭湖稻区在 6 月份和 10 月份。在贵州省岑巩县 2 个数量高峰在 5 月份和 10 月份,凯里市在 5~6 月份和 9~10 月份,余庆县在 5~6 月份和 10~11 月份,息烽县在 6~7 月份和 9~10 月份,瓮安县在 5~6 月份和 8~9 月份。由此可见,对于 1 年内出现 2 个数量高峰的地区,第一个数量高峰一般出现在 4~7 月份,多数地区在 5~6 月份;第二个数量高峰一般出现在 9~12 月份,多数地区在 10~11 月份。综上所述,我国黑线姬鼠种群数量高峰出现的次数和时间有相同之处,也有不同之处。

王勇等(1994)和陈安同等(1998)的报道显示,在洞庭湖区,无东方田鼠干扰区的黑线姬鼠种群的雌性比为 0.46,繁殖季节雌鼠的妊娠率在 38%~90% 波动,年平均繁殖指数(以雌鼠计)为 2.36±0.29。在有东方田鼠迁入的农田(东方田鼠-黑线姬鼠主害区),黑线姬鼠的雌性比为 0.45,繁殖季节雌鼠的妊娠率在 42%~90% 波动,年平均繁殖指数为 2.49±0.15。张美文等(2009)的研究发现,黑线姬鼠在环湖丘岗林地、未退农田和单退区的各类生境(生境 1 至生境 5)的繁殖指标均基本维持正常水平,繁殖指数也基本与以前的报道接近,总体呈现出偏高的趋势。但在双退区的生境和原有的湖滩草地,妊娠率较低,繁殖指数明显偏低,在双退垸区域为 1.3(以雌鼠计),在成熟湖滩草地,亦为 1.3。说明这两类生境不是黑线姬鼠的最适生境或者面临着激烈的种间竞争。

在洞庭湖区,黑线姬鼠主要分布在人类活动频繁的农田和丘陵林地,而在山区林地深处没有栖息(张美文等,2003)。其实,在原有成熟洲滩捕获黑线姬鼠也主要是在靠近大堤或洲滩上小堤周围同等生境捕获较多,大面积的洲滩深处,捕获黑线姬鼠较少,主要是东方田鼠在此栖息。这也说明洲滩不是黑线姬鼠的最适栖息地。双退垸区黑线姬鼠繁殖指数下降,主要体现在夏季繁殖强度急剧下降,几乎停止繁殖。这是由于双退垸区处于从原农田生态系统向成熟湖滩的演替过程之中,以湖滩为最佳栖息地生境的东方田鼠和原农田优势种类在此均有大量栖息,存在着激烈的种间竞争。已有的研究表明,在洞庭湖区,两个不同鼠害类型区,黑线姬鼠季节消长动态有所不同。属褐家鼠-黑线姬鼠主害型区域,黑线姬鼠种群数量 1 年有 2 个高峰,首峰在 6 月份,后峰在 10～12 月份。首峰的出现是 4 月份,大量繁殖的结果是后峰出现时间不一,同繁殖秋峰出现迟早有关,冬季 1～2 月份是黑线姬鼠的数量低谷期。而在东方田鼠-黑线姬鼠主害型的东洞庭滨湖稻作区,黑线姬鼠数量季节消长曲线的前峰提前至 3 月份(或 2 月份),后峰在 11～12 月份,实际上冬、春季都持续在高潮状态,此时正是枯水期,东方田鼠迁回湖滩栖息,黑线姬鼠得以较自由的发展。在岳阳市定位监测点,自 4 月份至 10 月份,东方田鼠侵入农田,黑线姬鼠明显受到压制,夹捕率多在 5% 以下。只有 1992 年东方田鼠进垸数量很低,该年 4～5 月份黑线姬鼠夹捕率达 10%。这说明,在东方田鼠和黑线姬鼠共存的生境,黑线姬鼠确实存在较大的竞争压力(张美文等,2009)。

由陈安国等(1998)列出的两类生境黑线姬鼠的不同年龄组的繁殖特征也可看出,东方田鼠-黑线姬鼠主害区成年一组、成年二组和老年组的繁殖指数分别为 1.43、1.57 和 2.15,均低于褐家鼠-黑线姬鼠主害区对应的 1.94、2.21 和 2.53。亦表现出有东方田鼠存在的生境同样出现黑线姬鼠繁殖强度降低的趋势。这一结果正好与我们的有较多东方田鼠栖息的洲滩和双退垸生境黑线姬鼠繁殖强度明显降低的结果相吻合。

张美文等(2009)的研究显示,夏季双退垸区黑线姬鼠种群几乎停止繁殖,74 只成熟雌鼠仅 1 只妊娠,下降幅度很大,与以往的报道相去甚远,这应陔与双退垸夏季被淹有关。由于东方田鼠的侵入,双退垸调查点(生境 6)已形成东方田鼠和黑线姬鼠共同栖息的格局。夏季丰水季节,双退垸与其他原有成熟湖滩一样被淹没,此时栖息于其中的鼠类种群均会被迫迁徙。双退垸害鼠群落的迁移与原有成熟湖滩被淹的方式有所不同,双退垸区与原有湖滩比,地势稍高,同时还有一些宅基地和遗留的原有堤坝等高地存在,汛期害鼠基本集中于这些高地,不会翻越大堤进入农田(夏季捕获的黑线姬鼠较多也是由于大部分低洼区域被淹,种群更加集中后上夹率更高所致),生境 6 中夏季的黑线姬鼠样本基本在这些高地捕获。对没有适应这种被迫迁移生活的黑线姬鼠来说,影响似乎较大,其不高的繁殖强度就是例证。黑线姬鼠在生境 6 的春、秋、冬季合并数据与生境 1 至生境 5 基本相似,说明其繁殖强度的剧烈下降主要出现在需要迁移的夏季。黑线姬鼠种群在需每年被迫迁移的生境 7(原有成熟湖滩)中不高的繁殖强度也是很好的佐证,说明其不适应这种迁移的环境。

另外,近几年黑线姬鼠繁殖指标与以前的平均水平相比有偏高的趋势,应该与这几年黑线姬鼠处于种群年数量低谷期有关,可能是黑线姬鼠种群的负反馈作用的体现。这几年农田黑线姬鼠的捕获率基本在 1% 以下。

7.4 小毛足鼠和黑线毛足鼠种群数量动态和繁殖的研究

我国从 20 世纪 50 年代后期开始进行草原鼠害的研究与实践,20 世纪 80 年代初鼠害频繁爆发,同时关于鼠害治理也进行了大量的尝试,防治措施也在不断完善。鼠害的综合防治和可持续控制技术是目前研究的方向,是指人们在进行草地畜牧业生产和经营活动过程中,为了确保草地生态平衡、资源可持续利用和畜牧经济持续发展而提出的生态治理措施。鼠害综合防治措施可以有效地控制鼠害的发生,同时其对鼠类群落和种群的自然演替过程势必会造成影响,但关于这种影响的研究较少。

黑线毛足鼠(*Phodopus sungorus*)在国外分布于蒙古、哈萨克斯坦和俄罗斯西伯利亚南部,国内分布于内蒙古、新疆、河北北部、辽宁西部和吉林西部的广大地区,为荒漠草原鼠种,在典型草原区的退化草场、人工草地和沙地生境也有分布。国内外关于该鼠的生态学研究报道较少,故而杨玉平等(2014)研究了内蒙古典型草原地区锡林浩特市(对照区)和东乌珠穆沁旗(示范区)鼠害治理条件下和未采取治理措施条件下的鼠类群落动态。

7.4.1 种群数量动态

1. 鼠类群落特征

2007—2012 年在典型草原示范区和对照区共布放 12 382 只捕鼠器,捕鼠 877 只,总捕获率为 7.08%。示范区和对照区中物种数和物种构成具有差异性。示范区共捕获 7 种鼠,合计 300 只。其中,黑线毛足鼠 142 只,占 47.33%,为第一优势种。对照区共捕获 10 种鼠,合计 577 只。其中,布氏田鼠 281 只,占 48.70%,为优势鼠种;其次是黑线毛足鼠占 27.21%,为常见种。从年度间群落组成变化来看,示范区黑线毛足鼠占鼠类组成比例较大,但年度变化较小,在 32.37%~80%;对照区黑线毛足鼠占鼠类组成比例较小,但年度变化较大,在 5.35%~67.5%。

2. 种群数量年动态

2007—2012 年在典型草原示范区,2009 年黑线毛足鼠种群数量高于其他年份,且差异显著;对照区表现为 2009 年黑线毛足鼠种群数量高于其他

年份,但差异不显著;示范区和对照区其他年份间均无显著差异。示范区和
对照区黑线毛足鼠的年平均捕获率均在 2009 年最高,分别为 5.78%、
12%;示范区 2012 年最低,为 0.85%,示范区最高年是最低年的 6.8 倍,6
年平均捕获率为 2.55%;对照区 2010 年最低,为 0.50%,对照区最高年是
最低年的 24 倍,6 年平均捕获率为 2.84%。示范区和对照区黑线毛足鼠种
群变动趋势相似,除 2009 年种群数量较高,其余年份间种群数量波动不大,
年平均捕获率均低于 4%。2009 年,对照区黑线毛足鼠的种群数量明显高
于示范区,其他年份两者相差不大(图 7-5)。

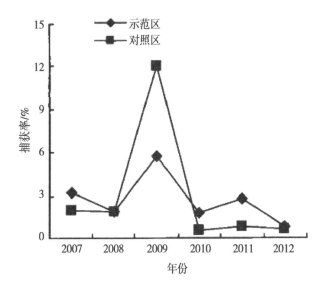

图 7-5 　示范区和对照区黑线毛足鼠种群数量的年动态
(引自杨玉平 等,2014)

3. 种群数量的月动态

2007—2012 年示范区黑线毛足鼠 7 月份种群数量与 5 月份、9 月份有
显著差异($P < 0.05$),对照区黑线毛足鼠不同月份间种群数量均无显著差
异。研究期间示范区黑线毛足鼠的最高月(2009 年 7 月份)捕获率为 7%,
对照区最高月(2009 年 7 月份)捕获率为 25.67%。由图 7-5 可见,示范区
大部分年份种群数量的月度变化相似,波峰出现在 7 月份(仅 2008 年在 5
月份);对照区不同年份种群数量季节变化不同,大部分年份 7 月份种群数
量较高,2007 年 5 月份、7 月份、9 月份呈平缓下降趋势,2010 年、2012 年各
月份间数量变化不明显。

7.4.2 繁殖特征

1. 性比

2007—2012 年示范区和对照区黑线毛足鼠的雄、雌性比分析,6 年中总体特征为示范区的性比(雄/雌)高于对照区。对照区性比的变化范围为 0.2~1.33,6 年中变化较大,最大值是最小值的 6.65 倍;示范区的变化范围为 0.42~1.5,变化相对较小,最大值是最小值的 3.57 倍。

据统计,2006—2011 年共捕获小毛足鼠 502 只,其中雌性为 253 只,雄性为 249 只,平均雌、雄性比为 1.02±0.22。18 个月中,有 3 个月(2006 年 10 月份,2009 年 4 月份,2010 年 4 月份)捕获鼠数小于 2 只,只有单一的性别,故此 3 个月数据不作统计;其余 15 个月中,小毛足鼠雌性数量多于雄性的有 8 个月,而雄性数量多于雌性的有 6 个月,2007 年 7 月份雌性与雄性数量相等,雌、雄性比为 1:1。

在小毛足鼠种群数量相对较低的季节(即春季和秋季),雌、雄性比总体较高,为 0.5~5,小毛足鼠数量较高的夏季雌、雄性比总体较低,为 0.75~2。6 年中,春季雌雄性比为 1.78±0.98,夏季为 1.09±0.48,秋季为 2.5±1.99(图 7-6),表明不同季节小毛足鼠雌性数量均高于雄性数量,但 3 个季节雌、雄性比差异不显著。

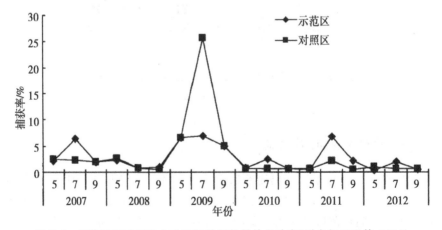

图 7-6 示范区和对照区小毛足鼠种群数量的月动态(引自杨玉平等,2014)

小毛足鼠性比随着种群数量的变化而变化。种群密度高时,雌鼠所占比例高;而种群密度低时,雌鼠比例较低。2008 年小毛足鼠种群数量出现高峰,但同年雌、雄性比未出现高峰,其他年份小毛足鼠雌、雄性比变化趋势与种群数量总体相同。

2. 雌、雄性繁殖特征

2007—2012 年示范区和对照区黑线毛足鼠的繁殖特征分析发现:6 年中,除 2010 年、2011 年外大部分年份示范区雄性睾丸下降率高于对照区。对照区和示范区雄性睾丸下降率变化范围均为 60%～100%。除 2007 年、2009 年外,其他年份示范区雌性妊娠率高于对照区,对照区雌性妊娠率变化范围为 0～60%,示范区为 0～75%。

2006—2011 年,小毛足鼠整体睾丸下降率平均值为 63.07±34.29%,其中春季平均睾丸下降率为 55.56±46.75%,夏季为 66.98±26.51%,秋季为 80±44.72%,季节之间差异不显著。小毛足鼠的 6 年平均妊娠率为 37.63±14.7%。2006—2011 年,春季和秋季的平均妊娠率总体高于夏季,春季小毛足鼠的妊娠率为 52.98±21.68%,夏季为 19.48±16.98%,秋季为 56±51.76%,秋季妊娠率显著高于夏季,但春季与夏季之间差异不显著(图 7-7)。

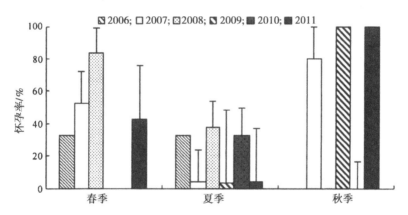

图 7-7　2006—2011 年阿拉善荒漠区小毛足鼠妊娠率的
季节性变化动态(引自查木哈 等,2014)

2006—2011 年小毛足鼠的繁殖指数分别为 0.59、0.84、1.02、0.73、0.85 和 0.58,平均繁殖指数为 0.77±0.17,其繁殖指数的季节性波动与妊娠率季节波动相一致,秋季较高,为 2.15±2.36;春季次之,为 1.28±1.61;夏季较低,为 0.61±0.71(图 7-8)。表明该地区小毛足鼠妊娠率对其繁殖指数的影响较大。

鼠害治理是保护草地环境和促进畜牧业发展的重要途径之一,探讨鼠害治理措施对鼠类群落和种群作用的生态过程,对于草地生态系统健康和可持续利用具有重要意义。各种自然的、生物的和人为的作用都会导致栖

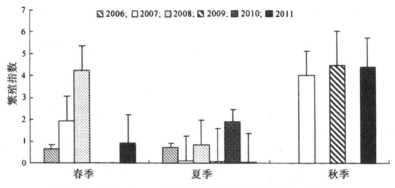

图 7-8　2006—2011 年阿拉善荒漠区小毛足鼠繁殖指数的
季节性变化动态(引自查木哈 等,2014)

息地生物群落的变化。有害生物的控制是使生物群落结构发生变化的主要原因之一,董维惠等研究了典型草原药物灭鼠和不灭鼠样地中鼠类的种类和数量的变化情况,发现黑线毛足鼠在灭鼠后初期的捕获比例较高,随着布氏田鼠的增加,黑线毛足鼠的比例逐月减少,说明鼠害控制对鼠类群落和种群动态具有重要影响。

　　繁殖对种群密度的影响一般表现为妊娠率、胎仔数等的变化。鼠类种群动态是种群生态学中的重要研究内容,国内外进行了大量研究。由于黑线毛足鼠的个体小、危害轻、分布范围小等特点,关于该鼠种的研究较少。在典型草原地区对该鼠种进行了 6 年的监测调查,为深入研究该鼠种的种群变动规律提供了基础数据。2007—2012 年研究区黑线毛足鼠种群出现了一次数量高峰,由于时间尺度较小,种群变动未表现出周期性,因此要揭示该鼠种的种群变动周期性,还需长期连续的监测研究。

　　类似的情况是,对于野生小毛足鼠种群而言,多变的栖息环境及食物条件、被捕食风险和配对机遇等均直接影响到其繁殖活动,加之较为隐蔽的洞穴,很难准确统计窝仔数,繁殖状况只能通过标本解剖进行统计确认。因此,野生小毛足鼠种群与实验室条件下种群繁殖状况的差异恰恰说明,动物生存条件的改变对其繁殖行为有明显影响,是导致其种群数量变化的重要因素。2006—2011 年小毛足鼠的平均胎仔数为 5.64±1.58 只,在内蒙古伊克昭盟沙地草场小毛足鼠繁殖调查中,董维惠等曾报道小毛足鼠平均胎仔数为 6.23±0.18 只,侯希贤等报道小毛足鼠平均胎仔数为 6.22±1.63 只,相同地点的不同时间尺度调查中小毛足鼠平均胎仔数相近。王广和等研究发现,锡林郭勒盟白音锡勒牧场和乌日图沙丘小毛足鼠的胎仔数平均值分别为 6.63 只和 6.73 只。研究结果的差异,可能因为调查地气候、食物来源等因素不同所致,尤其在阿拉善荒漠区,植被以灌木、半灌木和小灌木为主,草本植物相对稀少,天气多变,食物来源相对不充足等因素制约了小型啮齿动物的繁殖生理。

鼠害治理会使鼠类群落和种群发生剧烈变化,由于灭鼠后鼠类种群相对稳定的状态受到干扰,从而导致鼠的种群结构及繁殖强度也发生改变。本研究表明,鼠害治理措施对黑线毛足鼠的种群变动有一定影响,虽然示范区和对照区的种群变动趋势相似,均在 2009 年达到数量高峰,但是高峰期的种群大小不同,对照区明显高于示范区,说明示范区的治理措施对黑线毛足鼠的种群数量起到了抑制作用。但由于影响鼠类群落的因素较多,鼠害控制只是影响因素之一,至于其影响机制还需深入研究。

第8章 生态因子对害鼠种群的影响

8.1 阿拉善荒漠啮齿动物优势种对气候变化的响应

过去几十年的气候变化已对物种分布范围和丰富度产生了极大的影响，未来气候变化将使物种分布和丰富度发生更深刻的改变，这种改变将给生物多样性保护带来一定挑战。为了在气候变化下有效保护生物多样性，科学认识气候变化对物种分布的影响将是关键。国际上关于动物对气候变化响应的研究已经广泛展开。这些研究表明，气候变化影响了动物的地理分布、物候、个体行为以及种群动态等。但多数研究是在较大尺度和大陆尺度上展开的，同时用模拟的方法预测未来几十年动物的响应，而在较小尺度上研究气候变化对动物的影响较少。虽然我国对气候变化对啮齿动物的分布影响已经开展了一些研究，但有关气候变化对荒漠啮齿动物影响的研究还较为少见。温度和降水是研究气候变化对生物影响的两个常用指标。水热是制约荒漠生态系统的关键因子，环境的小幅波动都会造成这一系统的深刻变化。因此，荒漠生态系统对气候变化的敏感性将会更高。啮齿动物是荒漠生态系统中的重要组成部分和环境变化的重要指示者，研究啮齿动物对气候变化的响应，对于反映气候变化下的荒漠生态系统具有重要的意义。从试验地所处荒漠区气象资料记录来看，2002—2010年平均温度为9.05℃，比1991—2001年平均温度升高了0.41℃。年均降水量2002—2010年为165.36 mm，比上一个10年的年均降水量增长了23.46 mm。荒漠啮齿动物，特别是啮齿动物优势种在这样的气候条件下会做出何种响应？这些响应是否会因为人为干扰的存在而发生变化？

有研究者选择阿拉善地区（东经104°10′～105°30′，北纬37°24～38°25′，位于内蒙古阿拉善左旗南部的荒漠景观中，地处腾格里沙漠东缘）作为研究样地，调查不同干扰条件下啮齿动物优势种对气候变化的响应模式。该地区气候为典型的大陆性高原气候。年降水量75～215 mm，主要集中在7～9

月份。年蒸发量 3 000~4 000 mm。土壤为灰漠土和灰棕土。草场类型属于温性荒漠类型,植被稀疏,结构单调,以旱生、超旱生和盐生的灌木、小灌木、半灌木和小半灌木为主。建群种以藜科(Chenopodiaceae)、菊科(Compositae)和蒺藜科(Zygophyllaceae)植物为主。

8.1.1　样区的植被特征

在原生生境植被条件一致的情况下,依据该地区对草地利用方式的不同,选择 4 种不同干扰类型的生境作为取样样区,样区的植被特征如下。

禁牧区:面积为 206.6 hm², 在原生植被基础上,自 1997 年开始围封禁牧,植被以刺叶柄棘豆(Oxytropis aciphylla)和圆头蒿(Artemisia sphaerocephala)为主,其次为短脚锦鸡儿(Caragana brachypoda)、红砂(Reaumuria songarica)和黑沙蒿(A. ordosica)等小灌木,草本以蒙古虫实(Corispermum mongolicum)、沙蓬(Agriophyllum pungens)和糙隐子草(Cleistogenes squarrosa)为主,伴生有雾冰藜(Bassia dazyphylla)等 1 年生植物,植被盖度较高为 23%。

轮牧区:面积为 173.3 hm², 1995 年开始采取围栏轮牧的利用方式,划分为 3 个区,轮牧 50~60 只成年羊,每区放牧的时间为 1.5 个月,3 个区轮替放牧。植被以红砂建群为主,其次为短脚锦鸡儿、白刺(Nitraria sphaerocarpa)和霸王(Sarcozygium xanthoxylon)等多年生小灌木,草本植物以糙隐子草、雾冰藜、白草(Pennisetum centrasiaticum)和条叶车前(Plantago lessingii)为主,植被盖度 19.7%。

过牧区:面积为 146.6 hm², 连续放牧,放牧 550~620 只羊,荒漠草原理论载畜量每公顷 0.625~1.07 只羊单位,该区的放牧强度为每公顷 3.75~4.23 只羊单位。植被以红砂建群,伴生有霸王、白刺、短脚锦鸡儿和驼绒藜(Ceratoides latens)等多年生小灌木,草本以牛心朴子(Cynanchum komarovii)和骆驼蓬(Peganum harmala)等多年生植物为主,伴生有白草和蒙古虫实等 1 年生植物,植被盖度较低为 16.4%。

开垦区:面积为 180 hm², 1994 年开垦。植被主要以人工种植的梭梭(Haloxylon ammodendron)为主,伴生有短脚锦鸡儿等小灌木,草本以牛尾蒿(A. dubia)、雾冰藜和条叶车前等 1 年生杂类草为主,植被盖度可达 23.5%。

2002—2010 年在上述 4 种不同干扰类型的生境中分别选取 2 个固定的标志流放地,面积均为 1 hm²,采用标志重捕法。每年 4~10 月份的月初进行野外调查取样,每个样地布放 56 个鼠笼,笼距和行距为 15 m×15 m,每月连捕 4 d。为了减少标志对鼠类正常活动的影响,跳鼠采用带编号的金属环进行标记,其余鼠种用剪趾法标记。记录所捕个体的种名、性别、体重(g)、繁殖状况及捕获位置,标志后原地释放。

气象数据均来自阿拉善盟孪井滩气象站,该站距离研究样地平均距离5.5 km。气象资料包括 1991—2010 年的年平均温度(℃)及年降水量(mm)。

8.1.2 数据分析

啮齿动物种群相对数量使用百笼捕获率,计算公式如下:

$$捕获率(\%) = \frac{啮齿动物捕获个体数}{布笼数 \times 活捕日数} \times 100\%$$

使用 Spearman 相关分析啮齿动物优势种群相对数量与年平均温度和降水量的相关性。Spearman 相关系数:

$$r_{s(i,j)} = 1 - \frac{6 \sum\limits_{k=1}^{n} d_k^2}{n^3 - n}$$

式中,n 为样方数,$d_k = x_{ik} - x_{jk}$,x_{ik} 和 x_{jk} 分别为种 i 与种 j 在样方 k 中的秩。

使用典范对应分析(Canonical Correspondence Analysis,CCA)进一步分析环境因子变量组(年平均温度、降水量、灌木生物量和草本生物量)与啮齿动物优势种群数量之间是否存在非线性关系。Spearman 相关系数分析采用 SAS 9.0 分析软件。CCA 采用 CANOCO 软件分析。显著性水平为 $P = 0.05$。

结果表明,2002—2010 年在研究区共捕获啮齿动物 3 科 8 属 9 种。其中,跳鼠科(Dipodidae)3 种,即三趾跳鼠(*Dipus sagitta*)、蒙古羽尾跳鼠(*Stflodipus andrewsi*)、五趾跳鼠(*Allactaga sibirica*);仓鼠科(Cricetidae)5 种,即小毛足鼠(*Phodopus roborovskii*)、黑线仓鼠(*Cricetulus barabensis*)、短耳仓鼠(*Allocricetulus eversmanni*)、子午沙鼠(*Meriones meridianus*)、长爪沙鼠(*M. unguiculatus*);松鼠科(Sciuridae)1 种,即阿拉善黄鼠(*Spermophilu salaschanicus*)。禁牧区优势鼠种为子午沙鼠、次优势种为三趾跳鼠;轮牧区中的优势种均为三趾跳鼠,次优势种为子午沙鼠;过牧区中优势种为五趾跳鼠,次优势种为三趾跳鼠和子午沙鼠;开垦区优势鼠种为子午沙鼠,次优势种为黑线仓鼠(表 8-1)。

表 8-1　2002—2010 年啮齿动物群落中各物种的捕获比例(武晓东等,2016)

鼠种	捕获量/%			
	禁牧区	轮牧区	过牧区	开垦区
五趾跳鼠	6.33	13.35	35.53	11.11
三趾跳鼠	32.18	35.96	22.76	0

（续）

鼠种	捕获量/%			
	禁牧区	轮牧区	过牧区	开垦区
蒙古羽尾跳鼠	0	0	0.12	0
小毛足鼠	15.17	12.11	6.72	1.97
黑线仓鼠	5.03	0.88	1.27	19.64
短耳仓鼠	0	0.19	0.12	0
子午沙鼠	35.56	33.98	22.66	56.81
长爪沙鼠	0.04	0.84	2.61	4.07
阿拉善黄鼠	5.69	2.69	8.22	6.4

　　2002—2010 年各区啮齿动物捕获率与温度和降水量变化趋势如图 8-1 和图 8-2 所示。由图 8-1 和图 8-2 可知,2003 年和 2008 年是研究区啮齿动物数量的两个高峰年,4 个样区的平均捕获率分别为 15.9% 和 15.18%,分别是 2002—2010 年平均捕获率(9.7%)的 1.64 倍和 1.56 倍,与之相对应的年平均温度是两个较低的年份,分别为 8.8℃ 和 8.3℃,分别比 2002—2010 年平均温度(9.06℃)低 0.26℃ 和 0.76℃,降水量则为两个较高的年份,分别为 202.6 mm 和 175.2 mm,比 2002—2010 年平均降水量(165.37 mm)分别高出 37.23 mm 和 9.83 mm。

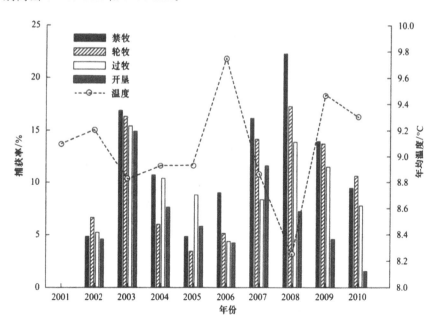

图 8-1　不同生境中啮齿动物丰富度与年均温度变化(武晓东等,2016)

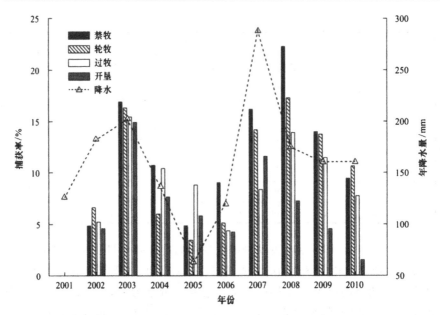

图 8-2　不同生境中啮齿动物丰富度与年降水量变化(武晓东等,2016)

为了分析各样区啮齿动物种群数量与年平均温度和降水量的相关性,选择捕获率相对较高的三趾跳鼠、五趾跳鼠、子午沙鼠和黑线仓鼠,采用 Spearman 相关进行分析(表 8-2)。从温度与啮齿动物种群数量间关系的分析结果可以看出,禁牧区中的优势种子午沙鼠和常见种黑线仓鼠的种群数量与年平均温度具有显著的负相关关系($P<0.05$);轮牧区中的次优势种子午沙鼠和常见种黑线仓鼠种群数量与年均温度显著负相关($P<0.05$,$P<0.01$);过牧区中的次优势种子午沙鼠和开垦区中的优势种子午沙鼠种群数量均与年平均温度存在显著的负相关关系($P<0.01$,$P<0.05$)。从降水量与啮齿动物种群数量间关系的分析结果可以看出,除开垦区外,其他干扰区内的子午沙鼠种群数量均与上年的年均降水量存在显著正相关关系($P<0.05$)。轮牧区和开垦区的子午沙鼠种群数量与当年降水量显著正相关($P<0.05$)。开垦区内的次优势种黑线仓鼠种群数量与年平均降水量呈显著正相关关系($P<0.05$)。除过牧区内的三趾跳鼠与上年平均降水量有显著正相关关系外($P<0.05$),其余干扰区内的跳鼠均未与年平均温度和降水量产生显著的线性关系。

为了进一步分析环境因子变量组与群落物种组成变量组之间的相关性,本书对年平均温度、降水量和植物生物量与啮齿动物优势种种群数量之间的关系进行 CCA 分析(表 8-3,图 8-3)。表 8-3 的结果表明,所有生境排序轴 1 的特征值均大于其他排序轴,禁牧区前两个排序轴对物种数据的解释量最高，达到了 61.8%；轮牧区前两个排序轴对物种数据的解释量最低，仅为 32.7%。4 种生境中前两个排序轴均解释了 89% 以上啮齿动物与环境变量的关系。禁牧、过牧、轮牧和开垦生境中前两个物种排序轴近似垂直，相关系数分别为 0.023 2、0.072 6、0.046 3 和 −0.271 2；前两个环境排序轴的相关系数为 0，表明排序结果可信，能够较好地反映啮齿动物种群数量与环境因子之间的关系。

从图 8-3 可以看出，年均温度和上一年的降水量对禁牧区啮齿动物种群的数量分布有较大影响。降水量与灌木和草本植物的生物量存在正相关关系。子午沙鼠距离中心点较近，表明禁牧区子午沙鼠受各环境变量影响均较大。三趾跳鼠与草本生物量的反向延长线距离较近，表明三趾跳鼠与草本生物量关系密切。根据啮齿动物物种在各环境变量线上的投影点的距离，可以看出黑线仓鼠和子午沙鼠对较高温度的最适值要低于跳鼠，而对较多降水的最适值要高于跳鼠；啮齿动物对灌木生物量较高时的最适值与降水一致，均为黑线仓鼠＞子午沙鼠＞三趾跳鼠＞五趾跳鼠。

表 8-2　2002—2010 年各年平均温度和降水量与不同啮齿动物丰富度
Spearman 相关分析(武晓东 等,2016)

处理	鼠种	平均温度/℃	上半年年降雨量/m	当年年降雨量/m
禁牧	三趾跳鼠	0.006 64	0.017 68	0.272 05
	五趾跳鼠	−0.308 38	0.166 3	0.034 91
	子午沙鼠	−0.661 52*	0.709 4*	0.287 66
	黑线仓鼠	−0.533 62*	0.341 81	0.211 42
轮牧	三趾跳鼠	−0.110 74	0.282 22	0.433 07
	五趾跳鼠	0.017 8	0.037 61	0.284 76
	子午沙鼠	−0.739 77**	0.630 54*	0.542 46*
	黑线仓鼠	−0.521 9*	0.375 74	0.306 38
过牧	三趾跳鼠	−0.499 45*	0.585 18*	0.157 38
	五趾跳鼠	0.044 3	0.101 77	0.089 29
	子午沙鼠	−0.725 66**	0.648 78*	0.227 99
	黑线仓鼠	−0.373 38	0.375 74	0.267 2
开垦	三趾跳鼠	—	—	—
	五趾跳鼠	0.028 36	−0.087 57	−0.405 41
	子午沙鼠	−0.554 88*	−0.307 19	0.582*
	黑线仓鼠	−0.293 99	−0.209 12	0.644 24

注：—表示未捕获啮齿动物，* 表示 $P<0.05$；** 表示 $P<0.01$。

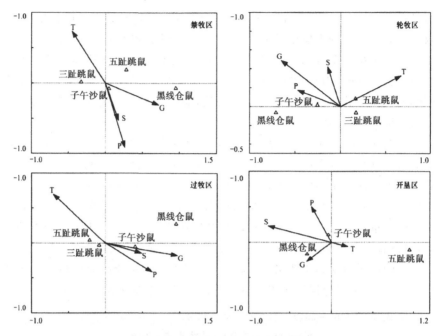

图 8-3　降水量、温度与不同生境中啮齿动物种群
数量的 CCA 排序(武晓东 等,2016)

表 8-3　不同生境中啮齿动物群落典范对应分析统计信息(武晓东 等,2016)

生境\n排序轴	禁牧区		过牧区		轮牧区		开垦区	
	排序轴1	排序轴2	排序轴1	排序轴2	排序轴1	排序轴2	排序轴1	排序轴2
特征值	0.147	0.01	0.101	0.005	0.057	0.004	0.183	0.023
物种与环境间的关系	0.843	0.566	0.778	0.509	0.658	0.556	0.792	0.551
物种数据变化的累积比例	57.9	61.8	50.7	53.0	32.7	34.8	50.1	56.2
特征值总和	0.254		0.199		0.176		0.366	
典范特征值总和	0.159		0.106		0.064		0.206	

　　禁牧区中草本生物量与排序轴 1 显著正相关(0.61),上年降雨量与排序轴 2 显著负相关(−0.52);过牧区年均温度与排序轴 1 显著负相关(−0.55),草本生物量与排序轴 1 极显著正相关(0.75);开垦区中的灌木生物量与排序轴 1 显著负相关(−0.61),见表 8-4 所示。

　　从图 8-3 可以看出,轮牧区的啮齿动物种群的数量分布受草本生物量和年均温度的影响较大。轮牧区中的灌木和草本与降水量存在显著的正相关关系,与温度呈负相关关系。五趾跳鼠种群数量与年平均温度关系密切;子午沙鼠种群数量与上年降水量关系密切;三趾跳鼠种群数量与上年降水量和草本生物量关系密切。根据啮齿动物物种在各环境变量线上的投影点距离,可以看出轮牧区啮齿动物在较高的上年降水量、灌木生物量和草本生物量时均表现出相同的最适值顺序,即黑线仓鼠＞子午沙鼠＞三趾跳鼠＞五趾跳鼠。但在年均温较高时,跳鼠的最适值要高于子午沙鼠和黑线仓鼠。

表 8-4　环境因子与啮齿动物物种排序轴间的相关关系(武晓东 等,2016)

生境	禁牧区		过牧区		轮牧区		开垦区	
排序轴	排序轴 1	排序轴 2	排序轴 1	排序轴 2	排序轴 1	排序轴 2	排序轴 1	排序轴 2
年均温度	−0.376 3	0.413 2	−0.547 9*	0.354 8	0.441 4	0.180 5	0.157 6	−0.033
上年降雨量	0.224 5	−0.516 4*	0.048 8	−0.210 9	−0.309 3	0.096 1	−0.191 4	0.276
灌木年生物量	0.150 6	−0.297 1	0.378 2	−0.072 3	−0.094 9	0.233 6	−0.605 5*	0.128 6
草本年生物量	0.605 1*	−0.174 9	0.752 4***	−0.091	−0.427 8	0.270 6	−0.235 8	−0.147 8

注:*表示 $P<0.05$;**表示 $P<0.01$;***表示 $P<0.001$。

研究结果表明,过牧区的啮齿动物种群数量分布受年均温度、草本生物量和上年降雨量的影响较大。草本和灌木生物量与降水量呈显著正相关。过牧区的子午沙鼠数量与植物的生物量关系密切;五趾跳鼠和三趾跳鼠距离中心点较近,表明两种跳鼠的数量分布受环境变量的影响较大。过牧区啮齿动物在较高的上年降水量、灌木生物量和草本生物量时同样均表现出相同的最适值顺序,即黑线仓鼠＞子午沙鼠＞三趾跳鼠＞五趾跳鼠。但在年均温较高时,跳鼠的最适值要高于其他两个鼠种。

研究结果显示,开垦区的啮齿动物种群数量分布受灌木生物量和上年降水量影响较大。降水对开垦区灌木生物量有正相关作用。子午沙鼠数量与上年降水量关系密切;黑线仓鼠与草本生物量关系密切;而五趾跳鼠与年均温度和灌木生物量关系密切。黑线仓鼠和子午沙鼠对较高草本生物量、灌木生物量以及上年降水量的最适值要高于五趾跳鼠;而对较高年均温度的最适值则低于五趾跳鼠。

通过以上分析表明,单因素相关分析和环境变量组(温度和降水量)与各区啮齿动物群落物种变量组分析均表明啮齿动物与温度和降水量关系密切,各区优势种总体表现出与温度的负相关关系和与降水量的正相关关系。只是在不同的干扰区内不同物种与温度和降水量的相关性密切程度不一致。从 CCA 的结果来看,虽然各区内优势种与环境变量的密切性不同,但并没有改变啮齿动物物种对气候因子的适应性,即跳鼠对温度的最适值要高于其他鼠种,而仓鼠科的啮齿动物对降水量的适应性高于跳鼠。

8.1.3　气候变化与啮齿动物的关系

有关气候变化对动物的影响国内外已经积累了很多研究。这些研究多

数考察了温度和降水对啮齿动物的影响。Kausrud 等发现温度和湿度强烈
影响高山林地鼠类(旅鼠)的动态。Myers 等研究了美洲北大湖区域气候变
化对 9 种啮齿动物分布的影响,发现气温升高和降水量增加,使得两种鼠类
分布区扩大,其啮齿动物集群数量上的主导种由北方种类向南方种类变化。
Deitleff 等研究白足鼠(*Peromyocus leucopus*)和草原田鼠(*Microtus penn-
sylvanicus*)的丰富度与气候变化的关系,发现草原田鼠与降水量正相关。
温度变化主要通过对物种个体生理活动和性别发育的影响而对物种产生影
响,降水量则主要通过对物种繁殖过程和生理活动的影响而对物种产生直
接影响。对许多物种来说,气候还主要通过对食物和栖息地的影响而对其
产生间接影响。武晓东等(2016)的研究表明,啮齿动物优势种对温度和降
水量的响应不同,尤其以子午沙鼠表现最为显著。虽然子午沙鼠是荒漠区
优势鼠种之一,但是温度升高反而会抑制其种群数量,相同研究区的野外观
察也发现子午沙鼠对高温的耐受性要低于跳鼠,这与其自身的生物学特性
有关。CCA 的结果表明,降水量促进了植物生物量的增加,而子午沙鼠与
植物生物量关系密切,表明降水量对子午沙鼠种群数量存在脉冲效应,
Spearman 相关分析的结果中,子午沙鼠对上年降水量的响应要高于对当年
降水量的响应,也为这种脉冲效应的存在提供了间接证据。

8.1.4　气候干扰与人为干扰的关系

一般认为气候变化是发生在大尺度上的干扰事件,这一干扰在较大尺
度上影响着动物分布和丰盛度。而在较小尺度上发生的人为干扰事件可能
会加剧或缓冲气候变化对动物的影响。武晓东等(2016)的研究表明,虽然
不同人为干扰生境中啮齿动物群落的优势种不尽相同,但这些优势种对降
水量和温度的最适值在各生境之间均表现出相似的顺序。即跳鼠对温度的
适应性要高于仓鼠科的子午沙鼠和黑线仓鼠,这主要是由于跳鼠本身的生
物学和生态学特性决定的,如具有较大的体型和冬眠行为等。而仓鼠科啮
齿动物对降水量的适宜性高于跳鼠,从食性来看黑线仓鼠属于食谷类啮齿
动物,子午沙鼠虽属于杂食类啮齿动物,但是食种子的比例要高于跳鼠,所
以荒漠区更高的降水量意味着更多种子产量,从而有利于仓鼠科啮齿动物
数量的增长;从生境角度来看,仓鼠科啮齿动物更喜欢栖息于植物盖度大的
生境,而跳鼠则喜栖于开阔生境,所以较多的降水量也有利于子午沙鼠和黑
线仓鼠数量的增长。因此,武晓东等(2016)认为气候变化对荒漠啮齿动物
优势种的影响,从温度上,是通过影响啮齿动物的生物学和生态学特性的基
础上进行的;而降水量短期内是从影响啮齿动物食物和生境的途径上实现
的,这与许多学者认为降水量的作用是一种底-顶效应的观点是一致的。目

前在较小尺度上研究气候变化对动物的影响较少。武晓东等(2016)的研究认为较小尺度上的人为干扰更可能从改变食性和生境的途径上加剧或缓冲降水量对荒漠啮齿动物优势种的影响,而不是改变温度对啮齿动物的作用。这种人为干扰将使降水量对荒漠啮齿动物的底-顶效应在小尺度上的表现变得更为复杂,进而可能对荒漠啮齿动物群落构成产生影响。

8.2　降雪对海北高寒草甸地区根田鼠种群特征的影响

根田鼠是一种分布广泛的小型哺乳动物(Tast,1966),在海北高寒草甸地区,根田鼠是优势小型啮齿动物之一,主要分布于植被覆盖较好的草甸和灌丛中,其自然以及实验状态下种群数量动态的研究相对较多(宗浩等,1986;姜永进等,1991;边疆晖等,1994),但是对于该地区冬季恶劣自然条件下,其冬季种群动态的研究尚未见报道。研究冬季根田鼠种群特征的变化有助于对其整个生活史过程的全面理解,也便于了解冬季恶劣气候条件对其越冬留存率的影响进而又是如何影响翌年种群数量的。为此,孙平等于2000 年 10 月份和 12 月份在海北高寒草甸生态系统定位站地区对根田鼠种群进行野外调查,通过比较前后两个时段的种群变化来探讨连续降雪导致的低温对根田鼠种群特征的可能影响。

该研究在中国科学院海北高寒草甸生态系统定位站(北纬 $37°29' \sim 37°49'$,东经 $101°12' \sim 101°33'$)进行,该地区的自然状况、植被和土壤结构已有报道(Zhao & Zhou,1999)。在海北高寒草甸地区,根据不同放牧强度选取两块样地(30m×30m),分别为 HGM(High Grazing Meadow,HGM)和 LGM(Low Grazing Meadow,LGM),样地外用刺丝围栏。两实验样地之间有一条河相隔。采用标志重捕法,以新鲜的胡萝卜作饵料,对两个实验样地进行了大雪前后根田鼠种群的野外调查,在两块实验样地内分别按方格布笼,各放笼 16 个,笼间距为 8~10 m。诱捕期很短时,开放种群可以被认为是封闭种群(Menkens & Anderson,1988;Krebs,1989),所以每月每样地诱捕 3 天为 1 个诱捕期。10 月份每天早 8 时打开鼠笼,黄昏时关闭。12 月份则每天早 10:30 打开鼠笼,下午 15:00 左右关闭。为防止由于低温造成根田鼠个体的死亡,诱捕期内,每天检查 2~4 次,并对首次捕获个体采用耳标法或断趾法进行标记,称重、判断性别、记录捕获地点后,立即在原捕获点释放。

Schnabel 法是一种应用多次标记、多次重捕的方法(孙儒泳,1992),种

群数量估计也较准确,运用此方法对统计数据进行处理,计算其种群密度,具体公式为:

$$N = \Sigma(niMi^2)/\Sigma(Mimi)$$

式中,N 为实验动物种群大小估计量,ni 为在第 i 次取样时捕获或取样动物的总数,Mi 为在第 i 次取样时种群中已标记动物总数,mi 为在第 i 次取样捕获动物中已标记动物的总数。以标记根田鼠中雄、雌性个体的数量之比来表示性比;留存率则以 12 月份捕获根田鼠中已标记个体的数量/10 月份标记根田鼠的数量来表示。

根据两个样地中所捕获根田鼠的统计数量,采用 Schnabel 法计算根田鼠的种群密度(表 8-5),结果表明在 HGM 样地中根田鼠 10 月份的种群密度为 256 只/hm²,12 月份的种群密度为 122 只/hm²,而 10 月份、12 月份间根田鼠种群密度的差异很小($F=0.2399,P>0.1$),LGM 样地中根田鼠 10 月份的种群密度为 356 只/hm²,12 月份的种群密度为 200 只/hm²,根田鼠种群密度在 10 月份、12 月份间的差异也很小($F=0.152,P>0.1$)(图 8-4)。然而综合考虑 HGM 和 LGM 两块样地,由图 8-4 可知,由于受恶劣气候条件的影响,与 10 月份相比,根田鼠的种群密度在 12 月份急剧下降,达到显著水平($F=173.76,R^2=0.996,P<0.05$)。虽然不同处理 HGM 和 LGM 之间根田鼠种群密度的差异较大,但尚未达到显著水平($F=173.76,R^2=0.996,P=0.078$)。同时,10 月份不同处理 HGM 与 LGM 根田鼠种群密度之间存在很小差异($F=0.0536,P>0.1$),12 月份 HGM 与 LGM 之间种群密度的差异也很不明显($F=0.1159,P>0.1$)。

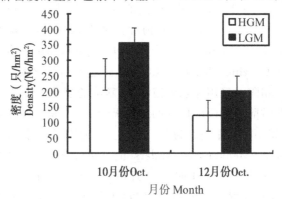

图 8-4　不同月份不同处理样地内根田鼠的种群密度

注:HGM 为重牧草甸(High Grazing Meadow);LGM 为轻牧草甸
(Low Grazing Meadow)。

随着该地区根田鼠种群数量的变化,其性比也发生了变化,HGM 样地上 10 月份根田鼠的性比为 1.667,12 月份为 1.135,两个月之间性比的差异不显著($F=0.011\ 5<F_{0.05}$,$P>0.1$);LGM 样地上 10 月份根田鼠的性比为 2.417,12 月份为 0.68,两个月之间性比的差异也不显著($F=0.000\ 4<F_{0.05}$,$P>0.1$)(图 8-5)。10 月份两样地之间性比的差异未达到显著水平($F=4.949<F_{0.05}$,$P>0.1$);12 月份两样地之间性比的差异也很小($F=0.169<F_{0.05}$,$P>0.1$)。一场大雪之后,HGM 和 LGM 样地上根田鼠的性比都有变小的趋势,尤其是 HGM 样地更为明显,其斜率为 -0.849,而 LGM 的斜率仅为 -0.266。但在整体水平上,两个月之间的差异并不显著($F=3.55<F_{0.05}$,$R^2=0.783$,$P>0.1$)。而且,在不同处理 HGM 和 LGM 之间根田鼠性比的差异也不显著($F=0.06<F_{0.05}$,$R^2=0.78$,$P>0.1$)。

表 8-5 Schnabel 法计算根田鼠种群密度的相关指标

指标	HGM		LGM	
	10 月份	12 月份	10 月份	12 月份
$1/N$ 的方差	0.067 4	0.005 625	0.211 501 4	0.052 678 6
$1/N$ 的标准误	0.002 858 2	0.006 883 9	0.047 441	0.002 702 8
自由度	5	5	5	5

有关其留存率的调查结果发现:10 月份,在 HGM 和 LGM 两个样地上分别标记 20 只(雄性 14 只,雌性 6 只)与 25 只(雄性 18 只,雌性 7 只)根田鼠,而 12 月份在两实验样地上捕获的已标记的根田鼠的数量分别为 8 只(雄性、雌性各 4 只)和 12 只(雄性 5 只,雌性 7 只)。

大雪之后,HGM 样地上根田鼠的留存率为 40%,其中雄性的留存率为 28.6%,雌性的留存率为 66.7%;而 LGM 样地上根田鼠的留存率为 48%,其中雄性的留存率为 27.8%,雌性的留存率为 100%。HGM 和 LGM 样地中根田鼠的种群留存率区别不大($P>0.1$)。两个样地 HGM 和 LGM 上根田鼠总的平均留存率为 44.4%,而雌、雄性的总的平均留存率分别为 83.35%、28.2%,两者之间的差异尚未达到显著水平($F=10.97$,$R^2=0.845\ 7$,$P>0.08$)。

以上研究结果表明:

(1)连续降雪对高寒草甸地区根田鼠的种群密度影响很大($P<0.05$),HGM、LGM 样地上根田鼠的种群密度都呈不同程度的下降趋势。

(2)高寒草甸地区根田鼠的性比对连续降雪响应不明显。雪前雪后 HGM 和 LGM 样地根田鼠性比差异并不显著($P>0.1$,HGM;$P>0.1$,

LGM)。

（3）连续降雪对高寒草甸地区根田鼠的种群留存率影响不大。HGM和LGM样地中根田鼠的种群留存率区别不大（$P>0.1$）。两个样地 HGM和LGM上根田鼠雌、雄性的总的平均留存率分别为 83.35％、28.2％,两者之间的差异尚未达到显著水平（$P>0.08$）。

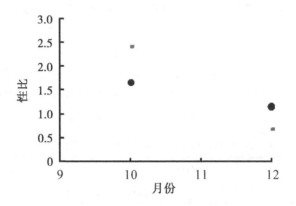

图 8-5　不同月份不同处理样地内根田鼠的性比

注：— 表示 HGM 样地中根田鼠的性比

• 表示 LGM 样地中根田鼠的性比

8.3　模拟气候变暖对根田鼠冬季种群的可能影响

在过去的 100 年里,地球气候变暖大约 0.6℃,主要集中在 1910—1945年以及自 1975 年以来的两个时间段,并且后者的增温速度大约是前者的 2倍（IPCC,2001）。同时,气候变化模型预测在 21 世纪内温度和降水量将增加,最明显的变化将在北纬和冬季发生（Post & Stenseth,1998）。然而,在许多地区,温度的升高是不均匀的,这无疑将影响到整个生态系统动态的异质性（Gian-Reto et al.,2002）。因此,全球变暖将对世界范围内的动植物产生何种影响以及其响应模式如何,是吸引众多生态学家的热点问题之一。目前的研究结果主要集中在大时空尺度上的动物繁殖、分布和群落结构的变化以及模型、模拟实验（Crick et at,1999；Cronin et al.,2001；Pimm,2001）等,已有的研究表明,某地区哺乳动物群落对气候变化的响应主要表现在 3 个方面：其一,物种个体的相对多度；其二,物种的分类组成,比如物种的局域化灭绝或全球化消失或迁移（Colonize）；其三,物种的丰富度,比如物种毁灭、消失和迁移的速率（Barnosky et al.,2003）。但是,目前尚未看到有关小型啮齿动物种群尤其是冬季种群对全球变暖响应的报道,仅有的研究发现,局部实验增温对不同处理条件下根田鼠栖息地内斑块的利用有不同程度的影响(孙平等,2004)。

根田鼠是一种分布广泛的小型哺乳动物,在海北高寒草甸地区,根田鼠是优势小型啮齿动物之一,有关其自然以及实验状态下种群数量动态的研究相对较多(姜永进等,1991;边疆晖等,1994)。由于该地区冬季恶劣的自然条件,有关其冬季种群数量动态的研究仅见宗浩等(1986)、孙平等(2002)的报道。在国外,有学者曾观察到,莫斯科附近 Jaroslav 地区的柳树灌丛中,根田鼠冬季的数量比夏季要多(Karaseva et al.,1957)。

鉴于目前国内外此类研究的现状,研究者采用 TOCs 模拟全球变暖的方法(孙平等,2004),在海北高寒草甸地区对根田鼠的冬季(2000 年 12 月份至 2001 年 4 月份)种群进行了野外调查。

中国科学院海北高寒草甸生态系统定位站位于东经 $101°12'\sim101°33'$,北纬 $37°29'\sim37°49'$,该地区全年平均气温为 $-1.7℃$,冬季(11 月份至翌年 4 月份)严寒、漫长而干燥,在冬季平均气温甚至可以下降到 $-20\sim-15℃$,最低温度可达 $-37.1℃$。有关该地区的自然状况、植被和土壤结构已有报道,不再赘述(Zhao & Zhou,1999)。

实验样地分别设在高寒草甸和高寒灌丛样地上,高寒草甸以嵩草(*Kobresia* spp.)草甸为主,高寒灌丛以金露梅(*Potentilla fruticosa*)为建群种。样地周围地区小型啮齿动物主要有根田鼠、甘肃鼠兔(*Ochotona cansus*)、高原鼠兔(*O. curzoniae*)等。

在海北站地区,根据不同植被类型选取 4 块样地(30 m×30 m),其中,增温和对照样地各 2 个,分别为实验增温草甸(Experimental Warming Meadow,EWM);对照草甸(Control Meadow,CM);实验增温灌丛(Experimental Warming Shrub,EWS)和对照灌丛(Control Shrub,CS)。样地外用刺丝围栏。不同植被类型试验样地之间有一条河相隔,增温处理样地与对照样地之间相隔 60~70 m。按照国际冻原计划的标准,在样地 EWM 和 EWS 上分别建有 8 个 TOCs,用以模拟全球变暖,有关温室材料、大小以及温度的测定,已有介绍,不再赘述(孙平等,2004)。

采用标志重捕法,以新鲜的胡萝卜作饵料,对 4 个样地内根田鼠的冬季种群特征进行了野外调查,在 4 块实验样地内分别按方格布笼,各放笼 16 个,笼间距为 8~10 m。以每月每样地诱捕 3 天为 1 个诱捕期,鼠笼开放时间为 10 时 30 分~15 时 30 分。诱捕期内,为避免冬季恶劣自然条件造成的根田鼠死亡,每天至少检查 3~5 次,对首次捕获动物采用耳标法或断趾法进行标记,称重(精确到 0.1 g)、判断性别、记录捕获地点后,立即在原捕获点释放。若实验期间捕获到其他啮齿动物,一并统计。

运用 Schnabel 方法对统计的数据进行处理,计算种群密度(孙儒泳,1992;孙平等,2004);以标记根田鼠中雄性个体的数量与雌性个体的数量之比来表示性比;留存率则以月间留存率来表示:第 N_{i+1} 月捕获根田鼠中已标记个体的数量/第 N_i 月标记根田鼠的数量;年龄组的划分以每月动物的首捕体重(4 月份当年鼠一般不会参加繁殖)作为定量指标,参照梁杰荣等(1982)的研究标准,并充分考虑野外冬季根田鼠体重下降的实际情况,将捕获动物分为 3 组:成体(≥23.5 g)、亚成体(>16 g,且<23.5 g)和幼体(≤16 g)。

采用单因素方差分析(One-Way ANOVA)对温室内外温度、种群密度、性比、体重以及年龄结构与留存率等指标进行统计学比较分析,用单变量 t 检验(One-Sample T test)检验了根田鼠冬季种群密度以及体重的月间差异。

1. 温室内外微环境的变化

统计结果表明,冬季(4 月份)温室内部温度比外部温度平均升高近 1.3℃。对温室内、距离温室 25 cm 处以及对照样地上地温的测定结果显示,温室内的平均地温($T_{温室}$)比距离温室 25 cm 处的平均地温($T_{距离温室25\,cm}$)高 1.87℃,而距离温室 25cm 处的平均地温又比对照样地的平均地温($T_{对照}$)高 0.54℃左右,因此,$T_{温室} > T_{距离温室25\,cm} > T_{对照}$。

2. 种群密度

实验期间没有捕获到其他的啮齿动物。运用 Schnabel 方法对统计的数据进行处理(表 8-6),根据 4 个样地中所捕获根田鼠的统计数量计算根田鼠的种群密度(图 8-6),在 4 个样地中,冬季根田鼠种群密度呈现明显的下降趋势,但 CM 样地除外。综合考虑增温与对照样地根田鼠的种群密度,结果表明增温处理样地中根田鼠的种群密度明显高于对照样地中($F=32.4,P<0.001$)。在高寒草甸实验样地内,EWM 与 CM 之间的差异极其显著($F=18.98,P<0.01$);高寒灌丛样地内,EWS 与 CS 之间的差异也达到显著水平($F=16.67,P<0.05$)。每个月份增温处理样地上根田鼠的种群密度都要高于其相应的对照样地。EWM 与 EWS 之间种群密度的差异很小($F=0.92,P>0.05$),CM 与 CS 之间的差异也未达到显著水平($F=5.91,P>0.05$)。

表 8-6　Schnabel 法计算根田鼠种群密度的相关指标

指标	EWM			EWS			CS			
	12 月份	2 月份	3 月份	4 月份	2 月份	3 月份	4 月份	2 月份	3 月份	4 月份
1/N 的方差	0.056 25	0.074 28	0.058 25	0.050 6	0.078 01	0.214 64	0.339 15	0.077 72	0.275 76	0.133 34
1/N 的标准误	0.006 88	0.005 31	0.008 22	0.024 54	0.009 56	0.019 88	0.062 80	0.008 25	0.036 68	0.210 82
自由度	4	6	6	4	8	10	4	6	8	5

单变量 t 检验结果表明,EWM 和 EWS 内种群密度的月间差异均达到显著水平($t = 5.155, df = 3, P < 0.05$,EWM;$t = 6.069, df = 2, P < 0.05$,EWS)。CS 内种群密度的月间差异尚未达到显著水平($t = 2, df = 2, P > 0.05$)。

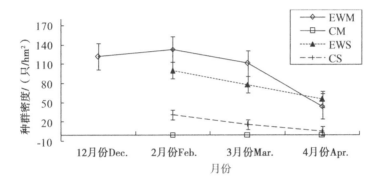

图 8-6　不同处理样地内根田鼠的冬季种群密度

注:EWM 为实验增温草甸（Experimental Warming Meadow）;CM 为对照草甸（Control Meadow）;EWS 为实验增温灌丛（Experimental Warming Shrub）;CS 为对照灌丛（Control Shrub）。

3. 性比

CM 样地上根田鼠种群完全丧失,因而无法比较 EWM 与 CM 之间性比的差异。而在样地 EWS 及 CS 之间,性比的差异很小($df = 1, F = 1.83, P > 0.05$),均呈现变小的趋势(图 8-7)。在 EWM 和 EWS 之间性比的差异也很小($df = 1, F = 3.76, P > 0.05$)。

4. 留存率

对不同实验样地各月份间根田鼠种群的留存率作图(图 8-8)。分析结果显示,EWM 与 CM 间的差异接近显著水平($df = 1, F = 13.4, P > 0.05$),

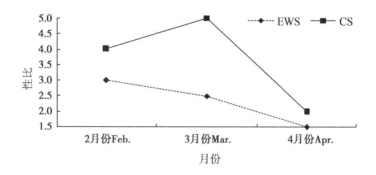

图 8-7 冬季 EWS 和 CS 样地上根田鼠的性比

注:EWS 为实验增温灌丛;CS 为对照灌丛。

而 EWS 和 CS 间并无显著性差异($df=1,F=3.67,P>0.05$),综合考虑增温与对照样地间根田鼠的种群留存率发现,两者之间的差异也没达到显著水平($df=1,F=5.57,P>0.05$)。不同植被类型的增温处理 EWM 与 EWS 间不存在显著性差异($df=1,F=1.2,P>0.05$);对照样地 CM 与 CS 间的差异也不显著($df=1,F=16,P>0.05$)。

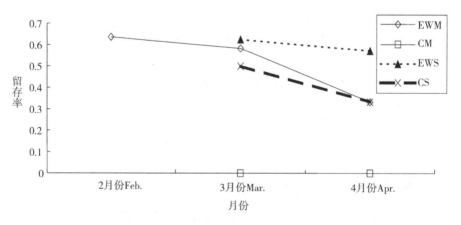

图 8-8 不同处理样地内根田鼠的冬季留存率

注:EWM 为实验增温草甸;CM 为对照草甸;EWS 为实验增温灌丛;CS 为对照灌丛。

5. 体重

实验样地 EWM、EWS 和 CS 上冬季根田鼠种群平均体重的统计结果(表 8-7)表明,EWS 和 CS 样地内,根田鼠种群平均体重的差异尚未达到显著水平($df=1,F=1.25,P>0.05$)。不同植被类型的增温处理 EWM 和 EWS 之间的差异很小($df=1,F=0.12,P>0.05$)。EWM 和 EWS 上根田鼠种群平均体重的月间差异达到显著水平($df=3,F=7.32,P<0.05$)。

单变量 T 检验的结果表明,在 EWM、EWS 和 CS 样地上,根田鼠冬季体重的月间差异都达到极显著水平($t=23.265,df=4,P<0.001$,EWM;$t=23.265,df=4,P<0.001$,EWS;$t=23.265,df=4,P<0.001$,CS)。通过表 8-7 所列部分数据可以看出,10 月份时,根田鼠种群的平均体重基本达到其当年体重的最大值,从 12 月份开始,根田鼠种群的平均体重下降,尤其是在 2 月份,根田鼠种群的平均体重降到最小值,而到了枯黄后期,随着天气转暖,植被开始返青,根田鼠的体重也逐渐上升。冬季期间,EWM、EWS 以及 CS 样地上根田鼠种群的平均体重分别为 21.28±1.34 g、21.37±2.66 g、20.11±1.14 g。比 10 月份低 3.97 g、1.52 g、0.94 g,分别占 10 月份平均体重的 15.72%、6.64% 和 4.47%。

表 8-7　不同月份不同样地上根田鼠种群的平均体重(±标准偏差)　　单位:g

时间	EWM	EWS	CS
2000 年 10 月份	25.25±4.48	22.89±4.43	21.05±2.92
2000 年 12 月份	21.1±4.48	—	—
2001 年 2 月份	19.50±2.43	19.19±2.36	19±2.71
2001 年 3 月份	21.89±2.82	20.59±4.72	20.05±3.74
2001 年 4 月份	22.63±4.5	24.34±4.1	21.27±2.51

注:EWM 为实验增温草甸;EWS 为实验增温灌丛;CS 为对照灌丛。

根田鼠个体体重的变化也呈现出与其种群平均体重相似的变化趋势。在不同月份间,尤其是冬季,有很大变化。作为对照,列出 9 月份、10 月份连续记录的部分标记根田鼠个体的体重(表 8-8)。

表 8-8　不同月份根田鼠个体的体重　　单位:g

标记号	性别	9 月份	10 月份	12 月份	2 月份	3 月份	4 月份
94 号	雄	20.5	23.0	22.0	22.0	22.7	28.8
1 号	雌	21.4	19.5	—	17.6	14.7	21.5
5 号	雄	—	20.3	—	18.9	23.0	26.4

6. 年龄结构

根据实验统计的结果,以各年龄组成所占的百分比,作增温及对照样地上根田鼠的年龄结构图(图8-9)。成体、亚成体所占比重的One-way ANO-VA结果表明,在CS和EWS之间没有显著性差异($df=1, F=1.15, P>0.05$),而不同植被类型的增温处理EWM、EWS之间成体、亚成体所占比重的差异也很小($df=1, F=1.40, P>0.05$)。在3个实验样地上,成体、亚成体所占的比重均超过70%(EWM,0.979 ± 0.042;EWS,0.852 ± 0.17;CS,0.739 ± 0.067),但以对照样地CS的最低。

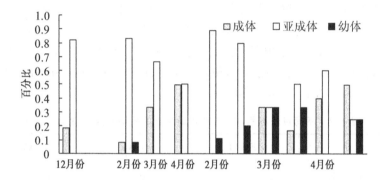

图8-9 2000年和2001年不同处理样地内根田鼠的冬季年龄结构

注:EWM为实验增温草甸;EWS为实验增温灌丛;CS为对照灌丛

7. 扩散/迁移

根据2000年10月份、12月份以及2001年初的记录发现,在增温处理样地EWM和EWS上都曾捕获到对照样地内标记的根田鼠个体。在EWM内捕获到2只(83号,雄性;94号,雄性),在EWS内仅捕获1只(84号,雄性)。

本项研究旨在初步探讨海北高寒草甸地区根田鼠的冬季种群特征以及其对模拟局部增温的响应,为理解根田鼠的完整生活史和冬季种群生态学研究提供基础数据,为种群数量的管理和草地生态系统的健康演替提供参考,并试图通过局部实验增温对其冬季种群特征的可能影响进行研究,探讨田鼠类动物种群特征对全球变暖的响应模式。

8. 种群密度

气候因素是影响啮齿动物数量变动的一个重要因素(Andersson et al,

1974)。栖息地植被群落组成、盖度以及人工灭鼠等也会影响啮齿动物的群落组成及其种群数量。宗浩、孙平等的研究发现,海北高寒草甸地区根田鼠种群密度的大幅度下降可能主要受气候因素的影响(宗浩等,1986;孙平等,2002)。根据苏建平等(2000)的最新研究,根田鼠系储藏食物的植食性小啮齿动物。陈安国等(1981)对新疆小家鼠,按冬、春、夏-秋 3 个季节的气候条件对种群密度的影响进行分析,发现冬季最寒时期的雪被厚度对其越冬存活数量有很大影响,且呈显著正相关($r>r_{0.05}$),而同初冬的雪势关系不密切(陈安国等,1981)。而夏武平对东北带岭林区气候条件对鼠类种群数量影响的研究说明,与春、秋季相比,冬季的气候条件对鼠类数量的影响较大,初冬(11 月中下旬)降雪,决定雪被形成的早晚与大小,直接影响鼠类的越冬条件,该时期降水量与 3 种鼠类种群数量的相关系数均在 0.9 以上(夏武平,1966)。

　　TOCs 的建立导致局部范围的增温,为根田鼠提供了较为优越的越冬条件,可能对根田鼠的冬季种群密度有明显影响。实验增温与对照样地之间根田鼠的种群密度的差异均达到显著水平($P<0.05$),而不同植被类型、不同放牧历史的栖息地条件下,同种处理样地之间根田鼠种群密度的差异很小($P>0.05$),这说明,在海北高寒草甸地区,食物和栖息地条件以及放牧历史对冬季根田鼠种群密度的影响不甚明显,增温样地根田鼠种群密度明显高于对照样地的主要原因,可能是由于实验增温为根田鼠提供了较好的栖息环境,减少了非颤性放热对褐色脂肪组织消耗的缘故。另外,也可能是由于根田鼠从低温度区向高温度区迁移所造成的。

　　单变量 T 检验的结果表明,在增温样地(EWM 和 EWS)上,冬季根田鼠种群密度的月间差异达到显著水平,而在对照样地 CS 上,该差异则不明显。这说明,局部实验增温并不能改变冬季根田鼠种群密度下降的趋势。

9. 性比和留存率

　　对于大多数脊椎动物而言,种群中的性比虽有变动,但一般变化不大,常围绕着 1∶1 上下波动。相同处理不同植被类型的 EWM 和 EWS 之间性比的差异也很小,这表明,在增温样地上,不同植被类型对根田鼠的性比也没有显著影响。样地 EWS 及 CS 间性比的不显著差异表明,局部实验增温对高寒灌丛样地根田鼠的性比并没有明显影响。孙平等(2005)的研究也证实了这个观点。

　　不同植被类型的增温处理(EWM 与 EWS)之间以及对照样地(CM 与 CS)之间根田鼠的种群留存率差异不明显,可以说明在该研究区域,食物和栖息地条件以及放牧强度对根田鼠种群留存率的影响并不显著。这一点与其种群密度的响应较一致。

同时,不论是单独考虑不同植被类型的增温处理与对照样地,还是综合考虑增温与对照,其留存率的差异都没有达到显著水平,这表明,增温处理对海北高寒草甸地区根田鼠的种群留存率并没有明显影响。

增温和对照样地间性比和留存率的比较研究表明,随外界环境的持续低温,二者都呈下降趋势。与雌性相比,雄性根田鼠的攻击行为较强,巢区较大,并且雄性经常一个较大的范围内移动,其移动范围甚至可达到 5 000 m²,其活动距离即使在冬季也比雌性根田鼠夏季的活动距离大(Tast,1966),因此雄性根田鼠更有可能遭遇捕食者的捕食,也可能是导致整个根田鼠种群性比和留存率发生变化的重要原因。

10. 体重

许多物种在季节驯化过程中,夏季体重较高,冬季则趋于降低,以此来减少能量需求,这被认为是高纬度小哺乳动物适应寒冷以及冬季食物缺乏的策略之一(Churchfield,1981;Zegers & Merritt,1988)。田鼠等啮齿动物多采取此类对策(Fuller,1969;Merritt,1984;Feist & White,1989;王德华和王祖望,1990),如草原田鼠(*P. pennsylanicus*)、高山田鼠(*P. montanus*)和根田鼠以及红背田鼠(*Clethrionomys rutilus*)等。Gerald等(1999)的研究发现,红背田鼠的体重在夏季达到最重而到了冬季则下降至最轻水平,冬季的体重可以比夏季低 30%～50%。因此,体重的季节变化是季节变化对体重调节的最佳响应,身体较小的个体其越冬存活较多,笔者的研究结果也证明,为抵御海北高寒草甸地区冬季长时间的低温天气,节省能量需求,野外根田鼠的体重在冬天会大幅度下降。

单变量 t 检验的结果表明,在 EWM 和 EWS 样地上,根田鼠冬季体重的月间差异都达到极显著水平,这说明不同栖息地条件下,局部实验增温并不能改变或减缓根田鼠冬季体重急剧下降的趋势。由文中所列部分数据可以看出,在 EWM 样地上,根田鼠冬季种群的平均体重下降较快,而在 4 月份上升幅度较小;相反,在 EWS 样地上,根田鼠冬季种群的平均体重下降幅度较小而其增幅较大,这主要是由于不同的放牧历史造成的,是因为 EWM 样地是冬场中的过度放牧样地,食物资源相对匮乏,而 EWS、CS 样地为夏场中的轻度放牧草场,其食物资源较为丰富的缘故。

11. 年龄结构

经历一个漫长而又严寒的冬季,再加上灾害性气候条件(大雪、持续低温等)的严重影响。大多数 9 月份、10 月份出生的根田鼠都因无法成功越冬而死亡,成体和亚成体占绝对优势。严志堂等(1983)研究新疆地区小家鼠的种群数量时发现,1972 年是新疆地区小家鼠数量的小暴发年,在 12 月份的种群中,几乎全为成体和亚成体,差不多各占一半,而 1974 年 11 月份的种群年龄组成中,亚成体占优势,占种群组成的 73%。同时,该年也为小暴发年。作者解释为,新疆地区冬季寒冷,成体抵抗冬天恶劣环境的能力比幼体和亚成体强,所以在越冬前种群年龄组成中成体比例的增高,有利于下一年种群数量的增长。笔者的研究发现,随冬季温度的持续降低,造成当年出生幼体和亚成体的大量死亡,这也是种群密度降低的重要原因。但是,为何在 CS 样地上捕获到相当多的幼体,而在 EWM、EWS 样地内捕获的根田鼠幼体相对较少,这是一个偶然现象,还是 TOCs 的建立导致 EWM、EWS 样地内根田鼠的发育提前,还有待于进一步的研究。

12. 温室效应的影响

由于温室的建立,导致温室内外微生境的变化,即温室内外的温差达 1.3℃,这为根田鼠安全越冬提供了一个良好的栖息环境。已有的研究表明,在夏季,局部实验增温对根田鼠的栖息地选择无明显影响,在冬季,这种影响在实验增温组与对照组间达到显著水平(孙平,等,2004)。

野外调查时,发现根田鼠个体从对照样地向实验增温样地逆种群密度迁移的现象。在单方向迁移的 3 只根田鼠个体中,全部为雄性。这主要是因为雄性巢区面积较大,且活动范围较广,而雌性根田鼠的巢区面积相对较小的缘故(Tast,1966;孙儒泳等,1982)。造成该结果的可能原因有二:其一,TOCs 的建立,可能为根田鼠安全越冬提供了一个较为优越的栖息环境;其二,由于冬季根田鼠种群数量的下降,导致根田鼠的迁移扩散,抑或是二者兼而有之。目前,限于数据量较少,故其确切原因尚不清楚,需要在以后的工作中注意此方面数据的搜集。

全球变暖可以通过影响动物的栖息地环境、食物分布格局等因素进而影响动物的种群特征及其分布,尤其是生活史短的动物,其对全球变暖的响应就更为明显(Pimm,2001)。已有的研究发现,温度能够影响两栖类和爬行类动物的种群动态(Post et al,1998)。孙平等(2005)的研究也表明,在局部实验增温作用下,海北高寒草甸地区根田鼠的冬季种群密度有明显的上升趋势,这将对该地区畜牧业的可持续发展、草场的优化利用以及生态系统的管理带来严重的不利影响。同时,由于局部地区的温度升高,也将会造成物种从低温度地区向高温度地区的迁移,从而改变高温度地区的物种组成及食物链结构。

限于目前的研究现状,我们对全球变暖的可能影响知之甚少,因而有人提出假设,当前的全球变暖将在以下两个方面对哺乳动物产生影响(也有可能正在产生影响):第一,参照生态标准,变暖过程持续的时间跨度非常大(譬如数百年、几千年甚至几百万年)时,该变化的结果是什么,可预测的程度有多少? 第二,生态系统是否已经历过如此快的全球变暖? 因为继而发生的生物学变化与过去变暖导致的变化根本不同(Barnosky et al.,2003)。总之,全球变暖是一个长期的过程,啮齿动物冬季种群生态学的研究也是一项艰巨的工作,需要开展大量深入、细致的研究。

8.4　模拟局部增温对根田鼠捕获频次的影响

全球变暖的研究是当今生态学研究的重要领域之一,而气候变暖是全球变暖的核心。温室气体(CO_2、CH_4等)浓度剧增所导致的地球温室效应是气候变化的主要原因。自 19 世纪以来,全球表面温度平均上升了 $0.3\sim$ $0.6\,℃$,仅在 20 世纪,全球平均表面温度就上升了 $0.5\,℃$。根据模型预测,在 21 世纪内全球平均大气温度(Global Mean Surface Air Temperature)将会上升 $1\sim4.5\,℃$(IPCC,1996)。为此,全球变暖将对世界范围内的动植物产生何种影响以及动植物又是如何对全球变暖作出响应和适应的问题是众多生态学家关注的热点之一。大时空尺度上全球变暖对动物行为影响的研究表明,温度增加后,一些鸟类(Crick et al.,1997)和两栖类(Beebee,1995)动物繁殖提前,蝴蝶出现的时间提前(Penuelas et al,2001)以及蝴蝶的分布范围明显扩大(Pimm,2001);全球变暖还可以通过影响动物的栖息地环境、食物分布格局等因素进而影响动物的种群特征及其分布,尤其是生活史(Life-Cycle)较短的动物,它们对全球变暖的响应就更为明显。但更多的工作仅仅局限在模型方面(Dunbar,1996;Hodkinson,1999)。

根田鼠是一种分布广泛的小型哺乳动物(Tast,1966)。在海北高寒草甸地区,根田鼠是优势小型啮齿动物之一,主要分布于植被覆盖度较好的草甸和灌丛中,其种群数量动态及生理生化方面的研究相对较多(姜永进等,1991;边疆晖等,1994;王德华等,1995;孙平等,2002),但是野外条件下小空间尺度的局部实验增温将对根田鼠的地上活动产生何种影响,尚未见有关报道。

鉴于目前国内外此类研究的现状,孙平等(2004)采用 TOCs 模拟全球变暖的方法,在野外条件下,测定不同季节、不同处理样方内捕获根田鼠的频次,通过统计分析温室内外根田鼠捕获频次的差异,确定局部实验增温对根田鼠地上活动的可能影响,进而探讨根田鼠类动物对全球变暖的响应模式。

在中国科学院海北高寒草甸生态系统定位站（东经 $101°12'\sim101°33'$，北纬 $37°29'\sim37°49'$）开展了本项研究。该地区的自然状况、植被类型和土壤结构已有报道（Zhao et al,1999）。在海北高寒草甸地区，根据不同放牧强度选取两块实验样地（30 m×30 m），既重度放牧草甸样地（High Grazing Meadow，HGM）和轻度放牧草甸样地（Low Grazing Meadow，LGM），样地外用刺丝围栏，两样地之间距离为 700 m 且有一条河相隔。实验设计如下：在 HGM 和 LGM 样地上分别选取 16 个小样方，每一小样方的面积为 1.77 m²，分 4 种处理：①实验增温组（Experimental Warming，EW）。根据国际冻原计划（International Tundra Experiment Program，ITEX）的标准，利用圆锥形玻璃纤维的开顶式增温小室模拟全球变暖。TOCs 的底部直径为 1.5 m，顶部直径为 1 m，高 0.4 m。该材料对太阳光中的可见光部分有很高的通透性（86%），而对远红外辐射的通透性较低（<5%）。②模拟放牧组。通过剪草模拟放牧（Cut），将草的高度剪至距地面 1~2 cm 处。③实验增温兼模拟放牧组。既有实验增温又有剪草处理（EW & Cut，EWC）。④对照组（CK）。以上每种处理均包括 4 个小样方。采用标志重捕法统计两个实验样地内根田鼠的种群密度。以新鲜的胡萝卜作饵料，在 4 种处理的样方内均匀布笼，共放笼 16 个，每 3 d 为 1 个诱捕期，每月重捕 1 次。实验时间为 1999 年 8 月份，2000 年 8~10 月份及 12 月份，2001 年 2~8 月份及 10~12 月份（HGM 样地缺 8 月份）和 2002 年 1 月份。因此，对 HGM、LGM 样地内的根田鼠分别进行了 15 个月（暖季 7 个月，冷季 8 个月）和 16 个月（冷、暖季各 8 个月）的野外调查。鼠笼开放时间：暖季（5~9 月）为 8~11 时和 15~17 时 45 分；冷季（10 月份至翌年 4 月份）为 10 时 30 分至 15 时 30 分。为防止由于高温、低温或雨雪等造成根田鼠个体的死亡，捕捉期内，每天检查 3~5 次，分别统计不同处理样地内捕获根田鼠的频次。

选用美国生产的四通道野外便携式 ONSET COMPUTER CORPER-ATION 自动记录设备——HOBO 测定温室内外的温度。该设备可根据需要设定测定时间的间隔，从而长时间地、连续测定 4 个不同层次的温度。本实验中，于 4 月中旬在 4 个层次上（地上 15 cm、地上 5 cm、地下 5 cm 和地下 10 cm）对温室内外的大气和土壤温度进行测定，每隔 2 min 测定 1 次，连续测定 10 d。

采用软件包 SPSS 对所取实验数据进行统计分析。用 Friedman 检验比较相同季节、相同样地内 4 种处理间捕获根田鼠频次的差异，用 Wilcoxon 检验比较实验增温与其对照间捕获根田鼠频次的差异，以探讨实验增温对根田鼠地上活动的可能影响。同时，为了验证放牧强度在不同季节对不同样地上根田鼠捕获频次的影响，运用独立变量 t-检验（Two Independent

Samples t-test)比较了同一季节、同种处理不同放牧强度样地间根田鼠捕获频次的差异。

1. 温室内外温度的差异

根据 HOBO 测定的数据计算 4 个层次上大气和土壤温度(地上 15 cm、地上 5 cm、地下 5 cm 和地下 10 cm)的平均值,结果表明,不论是地上还是地下,温室内部(4 月份)温度比外部温度平均升高近 1.3℃(图 8-10)。

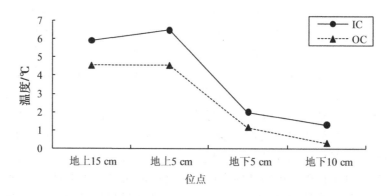

图 8-10　4 月份温室内外的温度

注:IC 为 Inside of Chamber;OC 为 Outside of chamber。

分别比较不同层次上(地上 15 cm、地上 5 cm、地下 5 cm 和地下 10 cm)温室内外温度的差异,结果显示,不论在哪一个层次上,温室内外温度的差异都达到极显著水平($P<0.005$)(表 8-9)。

表 8-9　不同层次上温室内外温度差异的比较

	平方和	自由度	均方	F 值	显著性
地上 15 cm	841 463.83	119	7 323.225	294.313	0.000
地上 5 cm	79 702.641	30	2 656.775	43.511	0.000
地下 5 cm	857 144.18	139	6 166.505	1 920.37	0.000
地下 10 cm	12 694.885	21	604.518	459.173	0.000

2. HGM 样地上不同季节不同处理样地内捕获根田鼠频次

在 HGM 样地上,不同季节、不同处理内捕获根田鼠的频次如图 8-11 所示。Friedman 检验的结果表明,不论是在暖季,还是在冷季,4 种处理间捕获根田鼠频次的差异均达到显著水平（$X^2=8.34,df=3,P=0.039<0.05$，暖季；$X^2=8.00,df=3,P=0.046<0.05$，冷季）。

Wilcoxon 检验的结果表明，在暖季，EWC 与 CUT 之间捕获根田鼠的频次并无显著性差异（$Z=-0.106,P=0.916>0.05$）；EW 与 CK 样方内根田鼠捕获频次之间的差异亦未达到显著水平（$Z=-1.778,P=0.075>0.05$）。在冷季，EWC 与 CUT 间捕获根田鼠的频次并无显著性差异（$Z=-1.153,P=0.249>0.05$），而 EW 与 CK 之间捕获根田鼠频次的差异达到显著水平（$Z=-1.153,P=0.036<0.05$，冷季）。

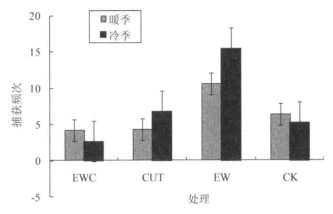

图 8-11　不同季节 HGM 样地上不同处理内捕获根田鼠的频次

注：EWC 为实验增温兼放牧组；CUT 为放牧组；EW 为实验增温组；CK 为对照组。

3. LGM 样地上不同季节、不同处理内捕获根田鼠频次

LGM 样地上不同季节、不同处理内捕获根田鼠频次的 Friedman 检验表明，在暖季，LGM 样地上 4 种处理内捕获根田鼠频次间无显著性差异（$X^2=5.39,df=3,P=0.146>0.05$）。而在冷季，随外界温度的降低，由于 CUT、CK 和 EWC 内捕获根田鼠频次的降低，以及 EW 内捕获根田鼠频次的增高，4 种处理内捕获根田鼠频次间达到显著水平（$X^2=7.96,df=3,P=0.047<0.05$）（图 8-12）。

Wilcoxon 检验的结果表明，LGM 样地表现出与 HGM 相同的格局，即在暖季，EWC 与 CUT 以及 EW 与 CK 间，捕获根田鼠的频次并无显著性差异（$Z=-1.123,P=0.261>0.05$，EWC 与 CUT；$Z=-0.775,P=0.438>0.05$，EW 与 CK）。在冷季，EWC 与 CUT 间捕获根田鼠的频次亦无显著性差异（$Z=-1.364,P=0.172>0.05$），而 EW 与 CK 之间捕获根田鼠频次的差异则达到显著水平（$Z=-1.960,P\leqslant0.05$，冷季）。

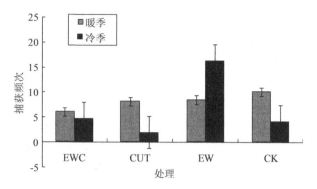

图 8-12 不同季节 LGM 样地上不同处理内根田鼠的捕获频次

注:EWC 为实验增温兼放牧组;CUT 为放牧组;EW 为实验增温组;CK 为对照组。

4. 放牧强度的作用

在暖季,不同样地同种处理间根田鼠捕获频次的比较结果为:EWC 组间($Z=-1.049,P=0.336>0.05$);EW 组间($Z=-1.22,P=0.232>0.05$);CUT 组间($Z=-1.636,P=0.121>0.05$);CK 组间($Z=-1.28,P=0.121>0.05$)。

在冷季,不同样地同种处理间根田鼠捕获频次的比较结果为:EWC 组间($Z=-0.320,P=0.798>0.05$);EW 组间($Z=-0.158,P=0.878>0.05$);CUT 组间($Z=-0.549,P=0.645>0.05$);CK 组间($Z=-0.634,P=0.574>0.05$)。

已有的研究表明,栖息地结构特征影响啮齿动物的群落组成(刘季科等,1991)。在不同的放牧强度下,植物地上部分的生物量随放牧强度的增加而减少;植被的盖度、高度以及群落组成都发生了变化,伴随优良牧草的减少而杂草增多,草食性小啮齿动物的食物多度和栖息环境发生越来越大的变化,最终导致根田鼠的种群密度随放牧强度的增加而降低,但对不同放牧强度样地上,相同季节、相同处理间根田鼠的捕获频次的比较分析发现,在暖季和冷季,放牧强度的差异对根田鼠的捕获频次并无显著影响。

为了更好地适应环境,地面生活鼠类的活动往往避开地温最高时间,以避免高温和强烈日光照射的不良影响(曾缙祥等,1981)。因此,暖季在食物条件充足的情况下,尽管实验增温使局部小范围的温度升高约 1.3℃,但由于外界温度较高,局部实验增温对 HGM 和 LGM 样地上根田鼠的活动没有显著影响($P>0.05$)。然而,在冷季海北地区,由于受积雪和寒风所导致的低温的影响,根田鼠的地上活动时间主要集中在光照较强的时间段 10 时至 15 时 30 分(孙平等,2004)。随外界温度的降低,食物质量的下降,局部实验增温为根田鼠提供了较好的栖息环境,减少了非颤抖性产热(NST)对褐色脂肪组织的消耗,因而根田鼠活动时在 EW 内的概率上升,而在 CUT 以及 CK 内的概率下降。由此,实验增温组与对照组间的差异达到显著水平($P<0.05$),而实验增温兼放牧组与放牧组间无明显差异($P>0.05$)。究其原因,在整个冷季,剪草处理内的植被高度一直保持在地上$1\sim2$ cm 的水平,不能给根田鼠提供足够的食物资源。在冷季,尽管 TOCs 使温度增高,但由于食物条件的限制,根田鼠面临小尺度的增温和食物严重缺乏之间的权衡(trade-off)。因此,在暖季,局部实验增温对自然和模拟放牧两种情况下根田鼠的捕获频次无显著影响,根田鼠的地上活动并没发生明显变化。在冷季,局部实验增温对自然条件下根田鼠的捕获频次影响显著,根田鼠的地上活动主要发生在增温小室内,而对模拟放牧样地内根田鼠的捕获频次无显著影响,根田鼠的地上活动亦没发生明显变化。

目前,国内外尚没有有关实验增温对小型啮齿动物地上活动影响的报道,因此采用温室内外根田鼠捕获频次的差异,来探讨实验增温对根田鼠地上活动影响的方法有待于完善和充实。同时,温室内外根田鼠活动时间的差异也有待于进一步研究。

8.5 高原鼠兔与生态因子的相互作用

高原鼠兔(*Ochotona curzoniae*)又叫黑唇鼠兔,是长年生活在高寒地区的一种草食性哺乳动物,昼行性,穴居,不冬眠,具有极强的低温、低氧耐受能力,是生活在青藏高原海拔 3 000～5 000 m 地区的特有物种,被视为青藏高原高寒草甸生态系统中的关键种。鼠类在影响植物群落组分、物种多样性、群落盖度和高度、生物量、植物种子传播及高寒草甸生态系统物质循环和能量流动等多个方面中具有积极作用,但因其分布范围广、危害持续性强,对草地生产力和畜牧业的发展造成了巨大损失,并对中国草地畜牧业的可持续发展构成了极大威胁,同时也是危及草地生态安全的重大隐患。据统计,中国草地退化面积占草地总面积的 70%,而鼠害面积占草地总面积的比重高达 25%,且将进一步扩大。草地退化速率呈加速趋势,而鼠类活动是加速其退化的重要原因之一。

8.5.1 高原鼠兔对草地生态系统的影响

作为高寒草地生态系统中重要的初级消费者,高原鼠兔对草地群落结构以及生态系统的稳定性具有重要的影响。贾婷婷等的研究表明,高原鼠兔有效密度增加严重影响了高寒草甸群落组分、重要值、生态位宽度和生态位重叠值。刘伟等认为高原鼠兔的扰动可降低植物群落平均高度和植物种盖度,其扰动延缓了植物群落的恢复演替。刘菊梅等认为鼠害并不能直接导致草场退化和荒漠化,只是在过度放牧的草地上加剧了草场的退化速度而形成恶性循环。

随着高原鼠兔密度增加,草甸群落总体高度和盖度呈现先降低后升高的趋势,而群落总体生物量表现为持续下降,当鼠洞密度为 14 个/625 m² 时,草甸群落内杂草最少,禾草最多,莎草重要值最大。随着高原鼠兔密度的增加,草甸群落丰富度指数表现为先减小后增加的变化趋势,均匀度指数表现为先增加后减小,而多样性指数表现为增加—降低—增加—降低的双峰值变化态势,在鼠洞密度为 14 个/625 m² 时,草甸群落的多样性指数最大,鼠洞密度为 34 个/625 m² 时,丰富度指数、均匀度指数和多样性指数均最小。

优良牧草功能群和毒杂草功能群的高度均随着高原鼠兔密度增加而下降,优良牧草功能群的盖度在鼠洞密度为 34 个/625 m² 时最低,毒杂草功能群盖度在鼠洞密度为 14 个/625 m² 时最低。优良牧草功能生物量在鼠洞密度为 3 个/625 m² 和 14 个/625 m² 间差异不显著,但均显著大于 34 个/625 m² 和 54 个/625 m² 时的生物量。

高原鼠兔密度增加,导致土壤裸斑 0.1 cm 的含水量下降,而 10~20 cm 的含水量先增加后降低,土壤粉粒比例先增加后降低,砂粒比例先降低后增加,pH 先增加后降低,说明适量鼠洞增加了土壤通透性,加速了土壤水分向深层渗透,并增加土壤粉粒比例。土壤有机质、有机碳及全氮含量均随着高原鼠兔密度增加而先增加后降低,峰值出现在鼠洞密度为 14 个/625 m² 时,而对土壤钾和磷含量没有显著影响,这说明适量的高原鼠兔活动改善了土壤养分,但改善幅度与养分类型密切相关(周雪荣,2010)。

李倩倩等(2014)采用有效洞穴密度代替高原鼠兔活动强度的方法,研究了高原鼠兔有效洞穴密度(10 个/625 m²、15 个/625 m²、21 个/625 m² 和 31 个/625 m²)对高寒草甸优势植物高山嵩草(*Kobresia pygmaea*)、垂穗披碱草(*Elymus nutans*)、小花草玉梅(*Anemone rivularis*)叶片和土壤氮(N)和磷(P)化学计量特征的影响。结果发现,3 种优势植物叶片氮含量随有效洞穴密度增加而显著增加,但叶片磷含量却出现分异,表现为高山嵩草和垂穗披碱草叶片磷含量随有效洞穴密度增加而先增加后降低,小花草玉梅叶片磷含量逐渐增加;高山嵩草叶片氮:磷随有效洞穴密度增加先降低后增加(*P*<0.05),垂穗披碱草叶片氮:磷逐渐增加,小花草玉梅叶片氮:磷则先增加后降低。土壤 0~10 cm 和 10~20 cm 土层氮含量随有效洞穴密度增加无明显变化;0~10 cm 土层磷含量随有效洞穴密度增加先降低后增

加,10~20 cm 土层磷含量逐渐降低;0~10 cm 土层氮:磷随有效洞穴密度增加无明显变化;而 10~20 cm 土层氮:磷则逐渐增加。优势植物叶片氮、磷、氮:磷与土壤氮、磷、氮:磷的相关性受植物根系分布特征和生存微环境的约束。

8.5.2　生态因子对高原鼠兔种群的影响

同时,草地的群落结构变化也会影响高原鼠兔的分布特征以及种群数量等。

有研究表明,影响高原鼠兔生境选择的主要因子依次是生境位置、土壤质地、距水源的距离、灌丛植物盖度和阔叶植物高度。

尽管高原鼠兔种群数量与植被总盖度以及嵩草盖度、禾草盖度、毒草盖度、杂草盖度均无显著的线性关系,但并不能说明高原鼠兔的分布不受植被盖度的影响。高原鼠兔种群数量与原生草甸 0~10 cm、10~20 cm、20~30 cm土壤含水量均有显著线性相关,而与剥蚀凸斑地土壤含水量相关不显著。高原鼠兔种群数量受原生草甸 15 cm 土层紧实度的影响,但是影响不显著,而受剥蚀凸斑地 20~25 cm 土层紧实度的影响显著,且以剥蚀凸斑地 25 cm 土层紧实度对其的影响最为显著。

动物对栖息地坡位、坡向的选择与土壤湿度、光照、降雨及降雪等密切相关。在一定的坡度范围内,高原鼠兔种群数量与坡度呈显著的负相关,即随坡度的增大,高原鼠兔种群数量逐渐减少。

根据主成分的累计贡献率达到 85% 即可保留原有变量的有效信息的原理,主成分分析得出高原鼠兔对植被与环境生态变化的响应的特征值。在第一主成分中,嵩草盖度的影响最大(0.974),反映出嵩草盖度对高原鼠兔分布的影响;在第二主成分中,坡度的影响最大(0.786),反映出高原鼠兔对坡度的响应特征;在第三主成分中,剥蚀凸斑地(15 cm)土壤紧实度的影响最大(0.743),反映出高原鼠兔对土壤特征的响应;在第四主成分中,杂草盖度的影响最大(0.543),反映出杂草盖度对高原鼠兔的影响(表 8-10)。

表 8-10　高原鼠兔对植被与环境因子的响应的因子负荷

(引自张海娟和李希来,2016)

植被与环境生态因子	F1	F2	F3	F4
嵩草盖度	0.974	−0.112	0.009	0.077
原生草甸(10~20 cm)土壤含水量	0.967	−0.180	−0.037	0.148
毒草盖度	0.955	0.280	0.012	0.044
海拔高度	0.947	0.288	0.066	0.079

植被与环境生态因子	F1	F2	F3	F4
原生草甸(0～10 cm)土壤含水量	0.933	−0.177	−0.214	0.201
原生草甸(20～30 cm)土壤含水量	0.916	−0.229	−0.111	0.213
原生草甸(15 cm)土壤紧实度	−0.708	0.284	0.404	0.445
原生草甸(10 cm)土壤紧实度	−0.656	0.117	0.498	0.490
植被盖度	0.594	0.555	0.352	0.016
坡度	−0.207	0.786	−0.027	−0.538
原生草甸(5 cm)土壤紧实度	0.286	0.760	0.027	−0.269
禾草盖度	0.569	0.696	0.045	0.140
杂草盖度	−0.335	0.684	−0.310	0.543
剥蚀凸斑地(15 cm)土壤紧实度	0.382	−0.412	0.743	0.187
剥蚀凸斑地(5 cm)土壤紧实度	0.180	0.572	0.698	−0.168
剥蚀凸斑地(10 cm)土壤紧实度	0.171	−0.603	0.618	−0.372

总之,高寒草甸群落特征和土壤理化性质对高原属兔密度变化响应出现分异,表现为鼠洞密度为 14 个/625 m² 时,高原鼠兔的活动有利于改善土壤理化性质和群落结构,但高原鼠兔致灾密度阈值与其天敌、自身食量的变化密切相关,因此在放牧和天敌等其他因素干扰条件下,植物群落和土壤特征对高原鼠兔密度变化的影响需要进一步研究,以便全面描述高原鼠兔致灾密度阈值。

另外,随着高原鼠兔密度的增加,豆科类植物逐渐在高寒草甸群落内消失,这种消退可能是高原鼠兔喜食豆科植物,经过大量采食而消退,也可能是生境变化后不利于豆科植物的生存和分布,但究竟是什么机制导致豆科植物随着高原鼠兔密度增加而退出高寒草甸群落,尚需进一步的研究,为维护青藏高原高寒草甸生态系统的健康提出科学依据。

第9章 害鼠防治方法总论

　　健康的生态系统是稳定、具有活力、有自调节能力的一个整体,其生物群落在结构和功能上与理论描述相近。系统为每一种植物、动物、微生物都准备了它们所需要的那份食物和生存空间。任何一种植物、动物、微生物在系统中都有自己的位置,必不可少且无可替代;它们的存在不仅无害,还有助于维持整个系统的健康发展。然而在自然变异过程和人类不合理活动的影响下,系统的平衡被打破,每种生物都有可能偏离它原来的轨迹,数量减少或增多。如果发生种群数量的爆发,对人类的利益产生负面影响,则变成有害生物,如果是鼠类,则称为害鼠。

　　鼠害是农业生产的重要灾害,鼠类为杂食性动物,农作物从种到收的全过程以及农产品贮存过程中都可能遭受其害。我国年均发生鼠害面积约 0.4 亿 hm^2;涉及农户近 1.2 亿户;粮食损失超过 100 亿 kg,棉花 100 万担,甘蔗约 0.5 亿 kg,加上其他经济作物,年经济损失 80 亿～100 亿元。林业上,害鼠主要食害树种,啃咬成树、幼树苗,伤害苗木的根系,盗食森林的种子,从而影响植物固沙、森林更新和绿化环境。2010 年我国林业鼠(兔)害面积 0.019 3 亿 hm^2。牧业上,害鼠大量啃食牧草,造成草场退化、载畜量下降、草场面积缩小;沙质土壤地区常因植被被鼠类破坏造成土壤沙化;鼠类的挖掘活动还会加速土壤风蚀,严重影响牧业的发展和草原建设的进行。草地鼠害是制约畜牧业发展的重要因素之一。主要草地害鼠有 10 余种,且数量惊人。2010 年,全国草原鼠害危害面积 0.387 亿 hm^2,占草原总面积的 10%。鼠类有终生生长的门齿,具有很强的咬切力,它们能对建筑物和一些设施造成很大危害。鼠类还是流行性传染病的潜在宿主,直接威胁着人类健康和畜牧业的安全。

　　鼠害是当今世界上突出的生态学问题,也是一个社会问题,已引起各国政府和群众的极大关注。鼠害防治是一项复杂的工程,不仅需要技术支持,更要有强有力的组织领导,实行农、林、牧、草和卫生的配套治理。为此,国家把农牧区鼠害综合治理技术列入攻关项目,由中国科学院、中国农业科学院、国家林业局和高等院校联合攻关,经研究后提出了不同生态区、害鼠不同生活习性(地面活动与取食,终年地下生活,取食植物根茎,极少上地面)

的综合防治技术。综合防治技术的推广应用,实现了高效、安全、经济控制鼠害的目的,使作物鼠害率下降到 2% 左右,挽回了巨大的经济损失。进行鼠害的综合治理,目前常用的方法主要有下面几种。

9.1　化学防治

目前,国内外鼠害综合防治主要以化学防治为主。过去使用的急性灭鼠剂,如磷化锌、氟乙酰胺、氟乙酸钠、甘氟、灭鼠磷灵、灭鼠优、鼠立死、毒鼠硅、灭鼠宁、灭鼠安、安妥等均为急性毒杀剂,其特点是毒性大、作用快,但都具有二次中毒现象。国内外大量的实践已充分证明,化学灭鼠的方法可以在一定的范围和时间内暂时降低鼠密度,尤其是初次使用某种灭鼠剂,效果极佳,但连续使用效果每况愈下。由于长期使用灭鼠剂,导致鼠类拒食、耐药性与适应性的产生,并且在毒杀过程中,组织与技术措施不落实或方法不当,还会造成环境污染,产生二次中毒,伤害大量的有益和无害的生物,同时也对鼠类的个体进行选择和淘汰,优存劣汰,留下高序位、生命力旺盛的个体,形成"超级种群",促进鼠类群落的演替及活动规律的改变。人们很难及时发觉这些变化,从而适时地调整与改进防治策略,其结果很可能给人类带来其他的损害和潜在性的威胁。

目前,国内外鼠害综合防治主要以化学防治为主。过去使用的急性灭鼠剂虽然使用的面积不大,但杀死了很多有益的天敌,人畜中毒事件也屡见不鲜。同时,害鼠对所用药剂容易产生抗药性和拒食性,导致防效明显下降,且对环境造成了污染。据统计,我国目前生产使用的杀虫剂和灭鼠剂,按有效成分计,年产 30 万 t 左右。按照目前的使用方法分析,仅有 1%～5% 真正作用于防治对象,发挥了作用,而 95%～99% 直接污染了环境,杀死了大量不需要也不应该杀死的无辜生物,破坏了物种的平衡,最终也破坏了人类赖以生存的生态环境。

近年来陆续生产出抗凝血灭鼠剂,如杀鼠灵、杀鼠醚、杀鼠酮、氯敌鼠、敌鼠钠盐、溴敌隆、大隆等慢性毒杀剂。其特点是作用缓慢、症状轻、不会引起鼠类拒食,其灭鼠效果优于急性灭鼠剂。西北农林科技大学林学院韩崇选研究员领导的课题组在进行鼠害防治中,根据啮齿动物生理生化、营养代谢和取食、通信行为的特异性,研制出无公害克鼠星系列灭鼠剂,经适口性试验、杀灭效果试验和安全性试验证明,室内对鼢鼠、小白鼠和褐家鼠的杀灭效果均为 100%。野外试验对甘肃鼢鼠和家鼠杀灭效果分别为 87.76%～98.89% 和 98.51%～99.62%。安全性测定显示,对家禽、家畜安全,无二次中毒现象。最佳有效致死量为 96.275 g/kg;致死中时随着试鼠个体取食剂量的增加呈二次平移回归模型变化;致死中时为 122.34 h。药效检查的有效时间是防治后 165.13 h。最佳防治时期为早春,其次是 9 月下旬至 10 月上、中旬。最佳投饵密度和用工量决定于林地鼠口密度和投饵方法。

9.2　生物防治

利用生物之间的捕食、寄生、不孕、毒杀等相互制约关系,开展生物防治,控制害鼠种群数量的增长,是减轻鼠害程度的有效途径。

9.2.1　利用鼠类天敌防鼠

鼠类天敌种类繁多,其中猛禽类、小型猫科动物和鼬科动物是最重要的天敌类群,如狼(*Canis lupus Linnaeus*)、赤狐(*Vulpes vulpes*)、黄鼬(*Mustela sibirica*)、香鼬(*M. altaica*)、伶鼬(*M. nivalis*)、豹猫(*Prionailurus bengalensis*)、艾鼬(*M. eversmanii*)、貉(*Nyctereutes procyonoides*)、紫貂(*Martes zibellina*)、狗獾(*Meles meles*)、蟒(*Python molurus*)、雕(*Aquila clanga*)、鸢(*Milvus Korschun*)、白尾鹞(*Circus cyaneus*)、红隼(*Falco tinnunculus*)、纵纹腹小鸮(*Athene noctua*)、短耳鸮(*Asio flammeus*)、长耳鸮(*A. otus*)、猫(包括城市家猫、野猫和流浪猫)和蛇等,它们有的以食鼠为主,有的兼食鼠类。在生态系统中,对鼠类有一定的控制作用。据黑龙江省南岔林业局与合江林区、吉林市林业科学研究院、陕西省宝鸡市林业技术推广站等地调查发现,1 只黄鼬 1 年捕食 3 000～3 500 只害鼠,每平方千米有 3～5 对黄鼬可控制林地不受鼠害;每只银鼬平均每天可食 15 只沼泽田鼠;1 条蛇每天捕食 10 多只鼠,剖开一条 80 cm 长暗灰色蛇,腹内有 3 只小鼠;猫头鹰每年吃鼠上千只。因此,积极保护这些天敌资源,为其生存、繁衍创造有利条件,无疑对控制害鼠数量的增长是有益的。据报道,幼林地活孤立木可招引猛禽类天敌栖息、停留,对控制周围林地鼢鼠数量具有明显的作用。一般每公顷有 4 株高 4 m 以上活孤立木的幼林地,中华鼢鼠种群密度比无活孤立木的幼林地低 1 倍多。

9.2.2　植物的驱逐作用

荏子(紫苏)对鼢鼠具有明显的驱避作用。据试验,林木行间套种白苏且盖度达 80％以上时,可使林木免受鼢鼠的危害。另外,接骨木、稠李、柠条、缬草等野生植物能散发出一种特殊的气味,具有很强的驱鼠作用,在果园及其他经济林中套种这些植物可有效防止鼠类的危害。

9.2.3 植物灭鼠剂

国内外已研制开发出多个植物源杀虫剂产品,如印楝、川楝素、苦参碱、烟碱、高效鱼藤氰、莨菪烷碱等。相对于植物源杀虫剂,植物源杀鼠剂的研究要少得多。实际上,利用植物进行杀鼠在我国早有记载,《中国土农药志》记载的 403 种植物和《中国有毒植物》记载的 943 种植物,均具有杀鼠作用。其中,毒芹杀鼠的活性成分主要为毒芹碱,对大仓鼠和布氏田鼠的 LD_{50} 分别为每千克体重约 7 mg 和 9 mg,属于急毒性。将这类植物的有效成分与鼠类的食物混合后做成饵料,可用于毒杀害鼠。汪智军等对新疆灭鼠植物进行的调查、筛选结果表明,多根乌头(*Aconitum karakolicum Rapaics*)、林地乌头(*A. nemorum Popov*)、白喉乌头(*Aconitum leucostomum*)、石龙芮(*Ranunculus sceleratus*)、小花棘豆(*Oxytropis glabra*)、黄花棘豆(*Oxytropis ochrocephala*)、毒麦(*Lolium temulentum*)、醉马草(*Achnatherum inebrians*)、毒芹(*Cicuta virosa*)、毒参(*Conium maculatum*)等植物对鼠类具有一定的毒杀作用。詹绍琛、林湍用闹羊花(*Rhododendri mollis*)进行灭鼠试验表明,闹羊花叶煎剂灌服黄胸鼠,每千克体重服用干叶 20 g 或鲜叶 80 g,死亡率为 100％;每千克体重服用 10 g 干叶或 40 g 鲜叶,死亡率为 60％。闹羊花叶煎汁浸泡大米,每千克大米含 16 g 和 6.4 g 干叶时,对黄胸鼠的致死率分别为 4％和 0、4％,含 3.2 g 干叶时对小家鼠的致死率为 62.2％。对比试验表明,40％闹羊花毒饵的灭鼠率为 75±18.45％,5％磷化锌毒饵为 73±8.32％,2 种毒饵的灭效无显著性差异,而单独使用 5％磷化锌则有二次中毒及鼠拒食现象。马钱子(*Strychnos pierriana*)用于灭鼠虽有记载,但缺乏实验验证。康新民研究表明,马钱子杀鼠的最适浓度为 3％。用 3％以上浓度喂养小白鼠 24 h 后,正常饲养 5 d,小白鼠的死亡率为 100％,小家鼠平均每千克体重食入 3％马钱子毒饵 18.32 g,即可在 8.49 h 死亡。小家鼠对马钱子毒饵的摄食系数为 0.39,符合灭鼠剂适口性指标要求(摄食系数 0.3 以上)。3％马钱子灭鼠剂在杂草区、库区室内、库区室外 3 个不同环境条件下的现场灭鼠效果均较好,灭鼠率达 91％,与 2％灭鼠优的效果近似。

9.2.4 生物毒素灭鼠

是利用动物、植物、微生物产生的具有一定化学结构和理化性质的生化物质进行灭鼠的方法,这些物质多为特有的几种氨基酸组成的蛋白质单体或聚合体。我国在利用肉毒梭菌(Clostridium botulinum)所产生的麻痹神经的肉毒毒素(botdin)进行草原、农村灭鼠工作已经取得可喜的进展。自20 世纪 80 年代末开始,以 C 型肉毒毒素为代表的生物毒素灭鼠剂已在我国大面积推广,并收到良好效果。为了防止长期使用单一生物毒素灭鼠剂导致耐药性,我国又陆续开展使用 D 型肉毒毒素作为灭鼠剂的试验。相关结果显示,除了具有 C 型肉毒毒素具有的优点外,D 型肉毒灭鼠剂还具有产毒量高、对人畜更安全、稳定性更好等特点,适合大面积推广使用。

目前应用较广泛的生物毒素灭鼠制剂为青海省兽医生物药品厂生产的C 型肉毒毒素,其剂型分液体制剂和冻干剂 2 种。在青海省已大面积使用,累计推广面积达 0.1 亿 hm^2,同时还应用于四川、甘肃、新疆、西藏、辽宁、内蒙古、河北、陕西、江苏、福建等省、自治区的部分草场和农田,灭鼠效果良好。王贵林等证实该制剂对高原鼢鼠的杀灭率为 89.9% ~93.84%,高于甘氟 10%。四川省 1990 年试用 6 667 hm^2,平均有效灭洞率为 86.3%,试验期人畜未发生任何中毒,而同期磷化锌对照为 85.2%,出现马、羊、狗中毒现象。王振飞等在西藏地区应用该毒素杀灭高原鼠兔和草原田鼠 4 万 hm^2,也取得了满意的效果,其校正灭鼠率高达 99.92%。李韬报道在辽宁、内蒙古、河北、新疆和四川五省、自治区的 9 万 hm^2 草地灭鼠工作中,C 型毒素对黄兔尾鼠、长爪沙鼠、大沙鼠、达乌尔黄鼠的洞口校正灭洞率分别为90.1%、95.37%、98.4% 和 91.7%,效果明显优于甘氟、氯敌鼠钠盐、杀鼠灵等常用化学灭鼠剂。在陕北对达乌尔黄鼠、达乌尔鼠兔等的灭鼠证实其平均灭洞率为 91.36%,说明 C 型毒毒素对以上鼠类灭效良好。萨依拉吾等用 0.01% 与 0.02% 的 D 型肉毒毒素的灭鼠试验表明,用玉米渣拌制毒饵,灭治大沙鼠的效果很理想,平均灭洞率分别为 93.64±3.24%、93.3±1.42%;在木垒县北沙窝用 0.01% 浓度 D 型毒素玉米渣毒饵进行 333 hm^2中试,灭效 92%;在巴里坤中试 0.13 万 hm^2,灭效 90%。马庭矗等人用生物杀鼠剂"生物猫"防治农田、农舍害鼠也取得了很好的效果。

为了控制害虫和害兽,人类想尽各种办法,其基本原则之一是,既能杀灭或减少有害动物,又不危及人的生命健康和破坏生态环境。于是遗传工程(也称生物技术、基因工程)便有了大展身手的机会。免疫避孕的方法对其他有害动物,如老鼠,也行之有效。欧洲人利用这种方法对欧洲家鼠进行鼠害控制已经得到验证。早在 1997 年,欧洲一些研究人员就试验对一种病毒进行遗传改造,然后用于控制鼠害,这种病毒是一种疱疹病毒,改造后叫作鼠巨细胞病毒。在实验室试验中,遗传改造后的鼠巨细胞病毒对老鼠的避孕效果是长期的,而且是 100%。鉴于这种科学实验的成果,澳大利亚的

PACCRC 打算申请在维多利亚州西北部的沃尔匹普地区用这种转基因鼠病毒进行野外试验。

因此,利用转基因生物技术对"有害动物"进行免疫避孕以控制它们的数量还可以延伸到其他"有害动物",例如狐、鼬等。只是,迄今还没有比较成熟的方法。

9.3　驱避剂和不育剂的应用

9.3.1　驱避剂的应用

目前,限制黄土高原地区农林牧业发展的关键因子是鼠害和干旱,以飞播造林为例,播种后种子裸露在地面的时间长短,决定着鸟兽危害程度的大小,鸟兽危害率最高可达 90%,容器育苗 40 d 后调查,鸟兽危害率也高达 48.7%;由于北方地区长期干旱,使农作物及林木种子下播后没有足够的水分保证其发芽,严重影响了农林牧业的发展。为了解决这两大难题,我们课题组通过黄土高原地区土壤的养分动态和农作物及林木的生长机制进行研究,同时研究黄土高原地区主要害鼠种类的生理生化特点、取食行为等,研制出作物多效抗旱驱鼠剂,它除了对害鼠具有驱避作用、保护种子的功能外,还对农作物及林木种子的发芽及生长有很大的促进作用。

由广东省林业科学研究院研制的 R-8 复合忌食剂的田间试验表明,用该复合忌食剂拌种后,鼠、鸟取食的种子平均减少 19%~46%,拌药区出苗株数平均比对照区高 3 倍多,最高达 10 多倍;川、豫、陕三省首次应用 R-8 复台忌食剂拌油松种子飞(撒)播造林,拌药区有苗株数为对照区的 2~3 倍;几年来在广东、广西、四川等 10 多个省、自治区推广应用,面积达 1.3×10^6 hm²,都取得了显著效果。该忌食剂具药效稳定、保存期长、对人畜无害、对环境无污染,既是鼠鸟驱避剂,又是种子发芽生长的促进剂,应用后种子发芽率可提高 11%。

9.3.2　不育剂的应用

在鼠类控制方面,使老鼠不育被认为比传统的毒杀方法更有潜力。从整个大环境来看,使老鼠不育似乎更能达到控制群体数量的目的。初看起来,好像传统的毒杀方法效果最好,但使用灭鼠药有一些局限性。由于鼠类对灭鼠药的拒食性和耐药性以及鼠类旺盛的生殖能力,基本上不可能在大范围内将老鼠完全消灭掉。从人类与鼠类的长期斗争来看,人类在不停地发明新的灭鼠药,而鼠类也能很快地产生相应的对抗"方法",似乎人类的灭鼠活动对鼠类的进化起到了人工选择作用,使鼠类朝着越来越难以对付的方向发展。

　　基于雄性不育法在昆虫控制方面的巨大成功,Knipling 在 1959 年首先提出使雄鼠不育来控制鼠类。1961 年,Davis 提出使用鼠类化学不育剂。Howard 认为在一个限定面积的栖息地,鼠类的数量取决于鼠类密度依存因素,如食物、空间、天敌、疾病等。当使用毒杀方法时,大部分老鼠被杀死,但由于密度依存因素被去掉,活下来的老鼠群体增长速度达到高峰,再加上鼠类的生殖周期短,这一地区老鼠的数量很快即恢复。另外,如果这一灭鼠活动使鼠类天敌的数量下降,老鼠的数量可能会比灭鼠前还多。1972 年,Knipling 和 McGuire 发表了用鼠类模型对传统的灭鼠法和不育法所进行比较的研究结果。在一个有 1 万只老鼠的群体里,如果将 90% 的这一代雄鼠和雌鼠都杀死,这个群体经过 15 代又能恢复到原来的数量。如果使同样数量的老鼠不育,这个群体要经过 26 代才能恢复到原来的数量。如果将 3 代的雄鼠和雌鼠的 70% 杀死,大约经过 17 代后这个群体的数量又恢复到 1 万只;但若使 3 代同样数量的老鼠不育,那么,经过 19 代,这个群体就完全灭绝了。事实上,这一结果在第四代时就已基本定论,因为这时有生育力老鼠与不育鼠的比例已成为 1∶25。从理论上说,使用化学不育剂不但能抑制鼠数量的增长,还能控制对灭鼠药有拒食性或耐药性的鼠种群的发展。使用化学不育剂的最佳时机是在鼠密度最低时,如冬季结束时、发生旱情期间、鼠病流行结束时或在传统的灭鼠活动结束后,先用灭鼠药杀死尽量多的鼠,再用不育剂使存活的鼠处于不育状态,或过一段时期后再使用另一种灭鼠药。与单独使用不育剂相比,先用灭鼠药杀死大部分鼠,能极大地降低使用不育剂的成本。另外,也可单独使用不育剂来防止鼠数量剧增,如防止小家鼠的种群暴发。可见,利用不育剂来控制害鼠种群,是鼠害防治过程中的一大创新。我国科技工作者在这一方面进行了大量的工作,并对化学不育剂进行了深入的研究。由吉林省黄泥河林业局、东北师范大学、国家林业局森林病虫害防治总站多位专家经 7 年艰苦努力研制成功了"鼠用植物性不育剂"。在众多鼠害防治技术中,鼠类抗生育技术是国内领先达到国际先进水平的技术,对抑制种群的出生率,降低鼠类种群密度,依种群的生态位来抵制迁入,具有重要意义。同时,还具备对环境无污染、对天敌和非靶动物无伤害等优点,是最有发展前途的"以预防为主、重在治本"的先进技术之一。王西之等使用化学不育剂——环丙醇类衍生物进行了为期 15 个月的控制鼠害现场试验,结果鼠密度于试验 5 个月后由初始的 63.8% 下降为

42％,11 个月后为 4％,控制率高达 93.7％。检测幼体足迹,由开始的 25.4％,11 个月后下降为 0,且雄鼠生殖系统也受损伤。该不育剂可使鼠类密度较长期控制在不危害水平,控制鼠害效果良好。

不育控制的概念最早在 20 世纪 60 年代提出,近年来,我国在利用不育技术控制害鼠方面做了大量研究,总结了国内该领域研究的部分结果。在实验室测试了多种不育剂。被测试的不育剂对相应的鼠类几乎都有不育作用;一些不育剂会影响鼠类的行为,这会减弱竞争性繁殖干扰的作用;一些不育剂在达到一定剂量后有致死作用,不育和灭杀的双重作用会产生更好的控制效果;还观察到不育个体的复孕现象,这会减弱控制效果;关于不育剂安全性的研究发现更昔洛韦和 M001 雄性不育灭鼠剂对家鸽没有任何毒性作用。大量野外实验证实不育剂对害鼠大都有较好的控制效果,实际控制中,控制面积不宜太小。

如果只对雌性进行不育控制,可育雌性转化成不育雌性的不育率、对可育雌性的灭杀率、选择性收获率等都是可育雌性子种群的移出率。李秋英等研究了对雌性进行不育控制的单种群模型,当可育雌性子种群的增长率小于雌性的不育率时种群灭绝。王文娟和李秋英研究了不育和捕获控制下的单种群模型,当可育雌性子种群的增长率小于不育率和捕获率的和时种群灭绝。所以,当可育雌性子种群的增长率小于所有移出率的和时种群灭绝,这点说明,在决定种群是否灭绝上,所有移出率的作用是相同的。如果不考虑性别,在不育控制时可以得到和上面类似的结果,即当可育子种群的增长率小于所有移出率的和时种群灭绝。刘汉武等考虑对两性以不同不育率进行控制,建立了四维常微分方程模型,分析表明不育控制比化学灭杀在抑制和消灭种群上都具有更好的效果;在不考虑竞争性繁殖干扰时,雌性不育率和雄性不育率的作用是不对称的,在不育控制中雌性的不育率具有更为重要的作用。李秋英等讨论了不育和天敌的定期释放控制下害鼠的种群动态,不育率和天敌释放强度满足一定条件时,害鼠种群会逐渐消亡。

鼠类抗生育药剂包括避孕剂、杀精子剂、杀卵子剂、杀胎儿剂等。1987—1994 年,吉林省黄泥河林业局、东北师范大学、国家林业局森林病虫害防治总站多位专家,以棉籽中的棉酚和粗制天花粉为有效成分,成功研制了"鼠用植物性不育剂"。该不育剂对环境无污染,对天敌和非靶动物无伤害,大面积应用可以有效控制鼠类种群密度,使鼠类种群密度下降 69.15％,有效期 2～3 年。

据报道,用 2.0 g/kg 昆明山海棠根 50％乙醇提取物,每周 6 次给成年雄性大鼠灌胃,5 周后,所有给药鼠均丧失生育能力;镜检见附睾精子活动率和密度明显下降,畸形精子明显增多,部分大鼠曲细精管受损,而支持细胞和间质细胞均无明显变化,血清睾酮钾离子、钠离子水平以及体内主要脏器包括心、肺、肾、肝和脾则无显著变化。贾瑞鹏等人采用两侧附睾尾部注射的方法研究川楝子油对雄性大鼠的抗生育作用表明,川楝子油可抑制睾丸生精细胞的生成,刺激非生精细胞,使其合成代谢增加,激活睾丸间质细胞,使其功能增强,产生局部免疫性不育,但不影响雄性大鼠的睾丸酮分泌及性功能。

雷公藤为我国传统的药用和杀虫植物,常被用于治疗类风湿性关节炎、慢性肾炎、血小板减少性紫癜及某些皮肤病等。张建伟用雷公藤对大鼠进行的抗生育试验表明,雷公藤提取物可导致雄性大鼠不育,使伴附睾精子密度与活力下降,而对睾丸形态影响甚微,其作用部位较为理想;随后的研究证明雷公藤抗生育的主要成分为雷公藤多苷、雷公藤甲素、雷公藤乙素和雷公藤氯丙酯醇。在抗孕植物的研究方面,对小鼠皮下注射东北贯众(*Dryopleris crassirhizoma*)的根茎提取物,每只给药 2～3 mg/只,共用 3 天,或一次阴道给药 50 mg,或口服 10～15 ng,均有非常显著的抗早孕效果;对妊娠晚期小鼠灌胃,可使其在 24～41 h 内完整地排出仔鼠或子宫内仅见着床迹。小鼠皮下注射胡萝卜(*Daucus carota vat. sativa*)种子挥发油后,抗着床、抗早孕和抗中、晚期妊娠的有效率分别为 90.78%、95%、14% 和 84.4%;大鼠皮下注射,抗着床、抗早孕有效率均达 100%,且无雌激素样活性产生;用该挥发油的主要成分 β-没药烯(β-bisabolene)灌胃、皮下注射,对小鼠抗早孕的有效率分别为 100% 和 89.29%。用山甘草(*Mussaenda pubescens*)枝叶的水煎剂和再经 81% 乙醇沉淀的析出物,分别以 50 mg/kg 和 75 mg/kg 给小鼠皮下注射,抑制妊娠率均为 100%。用从半夏(*Pinellia ternate*)鲜块茎中分离出的半夏蛋白对小鼠皮下给药 30 mg/(kg·d),抗早孕率为 100%,其作用机制是影响了卵巢黄体的功能,使内源性孕酮水平下降,导致蜕膜变性,胚胎停止发育而流产;将金银花(*Flos Lonicerae*)的水煎剂注入小鼠腹腔,也有终止早、中、晚期妊娠的作用。对早孕小鼠灌服马鞭草(*Verbena officinalis*)提取液,结果与米非司酮组相似,能明显抑制其胚胎生长,使胎盘滋养层细胞退变凋亡,核固缩,染色质向细胞核膜下集聚;但马鞭草醇提液的抗生育作用显著好于马鞭草挥发油和水提液。用岗松(*Baeckea frutescens*)根 10.7 g/kg 水煎剂,13.3 g/kg 的 50% 醇提液、10.7 g/kg 的 70% 醇提液给小白鼠灌胃,试鼠的未孕率均达到 70% 上,离体子宫实验证明其对子宫有较明显的兴奋作用。朱槿(*Hibiscus rosa-sinensis*)花的乙醇提取物对小白鼠的胚胎发育也有明显的抑制作用,对小鼠离体子宫的平滑肌有较强的收缩作用,但对小鼠的妊娠率无明显影响。用从黑木耳中提取的黑木耳多糖(Auricularia Auricula Polysaccharide,AAP)给小鼠腹腔注射 8.25 mg/kg,其抗着床、抗早孕和中期妊娠终止率分别为 93%、81% 和 73%,表明黑木耳多糖对小鼠抗着床和抗早孕效果明显,也有一定的终止中期妊娠的作用,而对抗运卵则无明显作用。给小鼠灌服怀牛膝(Achyranthes bidentata)总皂苷(ABS)75、150、300 mg/kg,也有明显的抗着床、抗早孕作用,其 ED_{50} 分别为 96±27、145±51 mg/kg;但怀牛膝总皂苷的抗早孕作用可被外源性黄体酮、人绒毛膜促性腺激素和泰必利部分抵抗;虽然灌服 300 mg/kg 的怀牛膝总皂苷可显著抑制假孕小鼠和去卵巢小鼠的子宫蜕膜细胞反应,但无雌激素样作用和抗雌激素样作用。

另外,陆地棉(Gossypium hirsrgtum)、栝楼(Trichosanthes kirilowii)、新藏假紫草(Arnebia euchroma)、猫眼草(Euphorbia lunulata)、白屈菜(Chelidonium majus)、穿心莲(Andrographis paniculata)、黄连(Coptis chinensis)、紫草(Arnebia euchroma)、甘遂、楝树(Melia azedarach)、九里香(Murraya paniculata)、鸡冠花(Celosia cristata)、蒲黄(Pollen typhae)、苦瓜(Momordica charantia)、牛膝、莪术(Curcuma zedoaria)等植物也具有抗鼠类生育的作用。

实际中,不论是杀鼠、抑制或杀伤鼠类精子的植物有效成分,还是抗孕的植物有效成分,在使用上均有以下缺点:①作用时间缓慢,在某些特定场所无使用价值;②选择性低,对人等也有伤害;③使用成本高。因此,鼠类植物不育剂使用的最佳场所是大面积的农、林、牧、草区,使用的最佳时机是在鼠密度最低时,如冬季结束时、发生旱情期间、疾病流行结束时或在传统的灭鼠活动结束后,先用灭鼠药杀死尽量多的鼠,再用不育剂使存活的鼠处于不育状态。与单独使用不育剂相比,能极大地降低灭鼠的成本。

9.4 物理机械灭鼠

人工机械防治收效迅速,可以直接把害鼠消灭在危害之前,作为大面积化学药剂防治害鼠后的补救措施。该防治方法需要大量的人力、物力,进度较慢,一般用于小范围或特殊环境。主要是用鼠铗、鼠笼、电猫等器具进行防治。中国兵工学会开发出"窒息性灭鼠弹"和"触发式灭鼠雷"。这两种灭鼠产品均采用物理灭鼠方法,不会对环境造成任何破坏和污染,不留任何有害残存物,安全可靠,成本较低,特别适合于治理"三江源"地区的鼠类灾害。2001 年 9 月份和 2002 年 4 月份,中国兵工学会提供灭鼠弹、灭鼠雷共计 17 500 发(其中灭鼠雷 10 000 发,灭鼠弹 7 500 发),由青海省森防站下发至青海省大通藏族土族自治县、煌中县、涅源县、互助土族自治县和乐都县,选择不同类型的地区进行试验。据各县的反映表明,灭鼠雷的成功率为 95% 以上,灭鼠弹成功率在 55% 左右。尤其是灭鼠雷,经过改进,操作非常简便,灭鼠效果极佳。一个人工在鼠类活动高峰期(春季或秋季),用灭鼠雷每天可以捕杀数百只鼢鼠,而采用当地农牧民传统的"弓箭法"或下鼠夹子的方法,每天只能捕杀几只或十余只。窒息灭鼠弹也有广泛的用途,配合灭鼠雷共同使用,可以有效遏制鼠害蔓延。这两种方法在农牧民中使用,不仅可以有效治理鼠害,增加农牧民收入,还必将为当地农牧林业发展,保护自然环境作出贡献。

石板塌,是我国最古老的捕杀鼢鼠方法之一,用这种方法灭鼠,所需部件多,操作烦琐,费工,尤其是石板不易携带,命中率低,不适宜大面积应用。弓箭,是在石板塌的基础上演变而来的,它可以大面积的应用,但是由于做弓用的湿木棍要经常替换,才能保持弹性,耗材多,且安装时必须要有很高的熟练度,因此也不是最佳灭鼠方法。倒 T 型灭鼠器,是陕西省志丹县神猫农业有害生物防治农民专业合作社技术人员,经过多年的努力,自主创新研制出来的实用新型灭鼠器,性能稳定,命中率高(灭鼠率为 90%),使用年限长,装卸灵活,操作简单,材料来源广,成本低,便于组织生产与推广,可以大面积应用。

9.5　对今后鼠害防治的几点看法

1. 提高认识,加强灭鼠的组织领导工作,增强鼠害防治的责任感和紧张感

鼠害防治是一项复杂的工程,要搞好灭鼠工作,不仅要有技术支持,更要有强有力的组织领导。为保证灭鼠技术措施的生效,严密的组织管理十分重要。国内外的专家们认为,成功的灭鼠 70%～80% 取决于组织管理,20%～30% 取决于措施科学。在鼠害严重时,必须全面处理,抓紧覆盖率、到位率和饱和率 3 个主要环节。在灭鼠行动中,各级领导应组织农林牧草和卫生部门协同行动,统一灭鼠计划,采取综合治理措施,以达到最高的灭鼠效果。鼠害给我国每年造成的损失是巨大的,可以说,加强鼠害的防治工作,减少鼠害造成的损失,也是发展经济的途径之一,同时也能促进农林牧草业的持续、健康发展。

2. 建立健全鼠情监测网络

除健全或适当增加全国重点鼠情测报点外,各省、自治区、直辖市应选择若干个类型区设立鼠情监测点,形成全国鼠情监测网络。开展鼠种、年龄、数量、繁殖力、害鼠发生时间、发生程度与防治面积、作物受害率、挽回损失等项目的调查与测报工作,为鼠害的防治提供科学依据。

3. 加大普及科学灭鼠工作,推广鼠害综合防治技术科学灭鼠

即在灭鼠行动中,不是彻底消灭害鼠的种群数量,实现无鼠害,而是将鼠害控制在一定的经济阈值之下。保持生态的平衡发展。近几年,我国的鼠害防治技术取得了显著的成绩,在某些方面已达到国际先进水平。但仍需加大新技术、新方法、新产品的研究工作,特别是科学灭鼠的普及工作。现在,在我国实行"三统一"全方位灭鼠的面积还不足发生面积的1/3,而这些地区又较少进行灭鼠技术的普及工作,结果灭鼠的效率不高。同时,应进一步推广鼠害的综合防治技术,保持鼠害的可持续控制,促进生态和环境的可持续发展。

4. 植物性灭鼠药剂的开发研制值得重视

植物源活性成分是自然存在的物质,自然界有其顺畅的降解途径,不会污染环境,且害鼠不易产生耐药性,因此受到广泛关注。张美文、汪智军等人报道了灭鼠植物的筛选研究,赵日良、张春美等应用植物不育剂控制害鼠的种群数量并取得了很好的效果。韩崇选课题组在实验室对多种植物进行了杀鼠活性的测定工作,发现曼陀罗、苦参、铁棒锤等植物对试鼠有较强的毒杀活性,且无二次中毒现象发生。我国植物资源极为丰富,对植物源农药的研究历史悠久,有丰富的经验和深厚的基础。研究开发植物性灭鼠药剂,将是今后灭鼠药剂的研究发展方向,也是走有中国特色的农药发展道路的客观要求。

参考文献

[1]李显堂.2017.东北地区草原现状、存在问题及对策建议[J].吉林畜牧兽医,5:5－7.

[2]吴艺楠,马育军,刘文玲,等.2017.基于BIOMOD的青海湖流域高原鼠兔分布模拟[J].动物学杂志,52(3):390－402.

[3]孙平,朱文琰.2016.根田鼠生态学研究[M].北京:化学工业出版社.

[4]楚彬,花立民,周延山,等.2016.祁连山东段不同放牧强度下高原鼢鼠栖息地选择分析[J].草业学报,25(1):179－186.

[5]武晓东,袁帅,付和平,等.2016.不同干扰下阿拉善荒漠啮齿动物优势种对气候变化的响应[J].生态学报,36(6):1765－1773.

[6]张海娟,李希来.2016.高原鼠兔对植被与环境因子变化的响应[J].湖北农业科学,55(14):3638－3640,3647.

[7]武锋平.2015.山西省草原鼠害防治对策与建议[J].中国畜禽种业,11:11－13.

[8]杨再学,金星,郭永旺,等.2015.贵州省不同地区黑线姬鼠种群数量动态分析[J].山地农业生物学报,34(1):13－17.

[9]李倩倩,赵旭,郭正刚.2014.高原鼠兔有效洞穴密度对高寒草甸优势植物叶片和土壤氮磷化学计量特征的影响[J].生态学报,34(5):1212－1223.

[10]修丽娜,冯琦胜,梁天刚,等.2014.2001—2009年中国草地面积动态与人类活动的关系[J].草业科学,31(1):66－74.

[11]杨玉平,王利清,张福顺.2014.典型草原黑线毛足鼠种群数量动态和繁殖的研究[J].中国草地学报,36(4):105－109.

[12]查木哈,阿力古恩,袁帅,等.2014.阿拉善荒漠区小毛足鼠种群数量与繁殖特征[J].西北农林科技大学学报,42(4):41－47.

[13]洪军,负旭疆,林峻,等.2014.我国天然草原鼠害分析及其防控[J].中国草地学报,36(3):14.

[14]何咏琪,黄晓东,侯秀敏,等.2013.基于3S技术的草原鼠害监测方法研究[J].草业学报,22(3):33－40.

[15]崔淑芳,陈学进.2013.实验动物学[M].上海:第二军医大学出版社.

[16]陈万权.2012.图说小麦病虫草鼠害防治关键技术[M].北京:中国农业出版社.

[17]高共,王升文.2012.中国鼠疫宿主动物及其防治[M].兰州:甘肃科学技术出版社.

[18]柳小妮,郭婧,任正超,等.2012.基于气象要素空间分布模拟优化的中国草地综合顺序分类草地生态系统的功能[J].农业工程学报,28(9):222-229.

[19]中华人民共和国环境保护部.2011.2010年中国环境状况公报[M].北京:中华人民共和国环境保护部.

[20]鲁庆彬,张阳,周材权.2011.秦岭鼢鼠的洞穴选择与危害防控[J].生态学报,31(7):1993-2001.

[21]刘汉武,王荣欣,张凤琴,等.2011.我国害鼠不育控制研究进展[J].生态学报,31(19):5484-5494.

[22]任继周,梁天刚,林慧龙,等.2011.草地对全球气候变化的响应及其碳汇潜势研究[J].草业学报,20(2):1-22.

[23]冯琦胜,高新华,黄晓东,等.2011.2001—2010年青藏高原草地生长状况遥感动态监测[J].兰州大学学报(自然科学版),47(4):75-81.

[24]王君,任东升,刘起勇.2010.α-氯代醇饵剂实验室及现场鼠害控制效果观察[J].中国媒介生物学及控制杂志,21(2):157-158.

[25]王宗霞,秦荣,杨艳芳,等.2010.生物灭鼠新探索鄄芸香雄性不育毒饵的实验研究[J].内蒙古农业科技,3:56-57.

[26]聂学敏,石红霄,李志强.2010.鼠类种群密度变化及其对高寒草地植物群落的影响[J].湖南农业科学,3:79-81.

[27]郑生武,宋世英.2010.秦岭兽类志[M].北京:中国林业出版社.

[28]周雪荣.2010.青藏高原高寒草甸群落和土壤对高原鼠兔密度变化的响应[D].兰州:兰州大学.

[29]吴宥析.2010.琢鄄氯代醇对雄性高原鼠兔生殖功能的影响[D].雅安:四川农业大学.

[30]李季萌,郑敏,郭永旺,等.2009.雷公藤制剂对雄性布氏田鼠的不育作用[J].兽类学报,29(1):69-74.

[31]李根,郭永旺,吴新平,等.2009.棉酚对雄性布氏田鼠的不育作用[J].中国媒介生物学及控制杂志,20(5):404-406.

[32]吴跃峰,武明录,曹平萍,等.2009.河北动物志:两栖、爬行、哺乳动

物类[M].河北:河北科技出版社.

[33]徐秀娟.2009.中国花生病虫草鼠害[M].北京:中国农业出版社.

[34]张美文,王勇,李波,等.2009.洞庭湖不同退田还湖类型区东方田鼠和黑线姬鼠的繁殖特性[J].兽类学报,29(4):396－405.

[35]郑智民,姜志宽,陈安国.2008.啮齿动物学[M].上海:上海交通大学出版社.

[36]刘汉武,周立,刘伟,等.2008.利用不育技术防治高原鼠兔的理论模型[J].生态学杂志,27(7):1238－1243.

[37]施大钊,郭永旺.2008.我国农牧业鼠害发生状况及成因分析[C].北京:中国农业科学技术出版社.

[38]马玉林,陈继平,戴新.2008.生物不育灭鼠饵剂在实验室的效果观察[J].医学动物防制,24(6):457－457.

[39]关继东.2007.林业有害生物控制技术[M],中国林业出版社.

[40]张小雪.2007.蓖麻油抗雌鼠生育作用活性物质的分离、分析及作用机理研究[D].成都:四川大学.

[41]武守忠,高灵旺,施大钊,等.2007.基于 PDA 的草原鼠害数据采集系统的开发[J].草地学报,15(6):550－555.

[42]李宝海,杰布,李顺凯,等.2007.藏北高原主要草地类型鼠害调查报告[J].西藏科技,3:29－30.

[43]蒋永利,李桂枝,李继成,等.2006."贝奥冶雄性不育灭鼠剂控制森林鼠类数量的试验报告[J].吉林林业科技,35(3):26－29.

[44]来德珍,孙宝琛,贺有龙,等.2006.果洛地区高原鼠兔繁殖特性种群数量和对天然草地的危害[J].青海畜牧兽医杂志,36(2):4－6.

[45]连耀林,苏元成,郭军旺,等.2006."栓绝命"灭鼠剂灭效观察[J].中国媒介媒介生物学及控制杂志,17(3):234－236.

[46]梁红春,霍秀芳,王登,等.2006.不育技术控制长爪沙鼠种群的初步研究[J].植物保护,32(2):45－48.

[47]刘巍.2006.M001 雄性不育灭鼠剂的生殖毒性研究及其在农业鼠害防治方面的应用[D].北京:中国协和医科大学.

[48]宛新荣,石岩生,宝祥,等.2006.EP-1不育剂对黑线毛足鼠种群繁殖的影响[J].兽类学报,26(4):392－397.

[49]王酉之,陈东平,马林,等.2006.褐家鼠雄性不育处理后的社群生殖行为研究[J].中国媒介生物学及控制杂志,17(5):363－365.

[50]付昱,施大钊,郭永旺,等.2006.雄性不育剂——鼠克星对布氏田鼠作用的初步研究[C].北京:中国农业科学技术出版社.

[51]霍秀芳,王登,梁红春,等.2006.两种不育剂对长爪沙鼠的作用[J].草地学报,14(2):184－187.

[52]张子伯.2006.更昔洛韦的生殖毒性作用及其对农业鼠害防制的研究[D].北京:中国协和医科大学.

[53]张知彬,赵美蓉,曹小平,等.2006.复方避孕药物(EP-1)对雄性大仓鼠繁殖器官的影响[J].兽类学报,26(3):300－302.

[54]尤德康,董晓波,宋玉双,等.2006.贝奥雄性不育灭鼠剂室内药效试验[J].中国森林病虫,25(2):32－34.

[55]才旦.2006.青海高寒草地生态系统的评价、功能失调原因和治理对策[J].草业科学,23(9):7－11.

[56]陈剑锋,何晓玲,李锋,等.2006.油茶皂素不育剂对鼠类抗生育功能的实验研究[J].中国媒介生物学及控制杂志,17(1):11－14.

[57]胡自治.2005.草原的生态系统服务:Ⅳ.降低服务功能的主要因素和关爱草原的重要意义[J].草原与草坪,3:3－8.

[58]孙平,魏万红,赵亚军,等.2005.局部环境增温对根田鼠冬季种群可能的影响[J].兽类学报,25(3):261－268.

[59]韩崇选,李金钢,杨学军,等.2005.中国农林啮齿动物与科学管理[M].咸阳:西北农林科技大学出版社.

[60]张宏利,韩崇选,杨学军,等.2005.我国植物源灭鼠药剂的研究及应用[J].西北林学院学报,20(4):129－132.

[60]张显理,段玉海,吴永峰,等.2005.人用不育剂对小鼠繁殖的影响[J].宁夏大学学报(自然科学版),26(1):71－74.

[62]《中国呼伦贝尔草原有害生物防治》编委会.2005.中国呼伦贝尔草原有害生物防治[M].北京:中国农业出版社.

[63]任继周,侯扶江.2004.草地资源管理的几项原则[J].草地学报,12(4):261－263,272.

[64]孙平,赵新全,徐世晓.2004.根田鼠粪便排泄点及其生态学意义初探[J].兽类学报,24(3):273－276.

[65]王金龙,魏万红,张堰铭,等.2004.高原鼠兔种群的性比[J].兽类学报,24(2):177－181.

[66]陈长安.2004.鼠类不育剂研究[J].中华卫生杀虫药械,10(1):13－15.

[67]陈东平,王酉之,杨世枣.2004.环丙醇类衍生物不育剂对褐家鼠的控制效果[J].中国媒介生物学及控制杂志,15(6):437－438.

[68]徐世晓,赵新全,孙平,等.2004.江河源区主要自然生物资源概述[J].长江流域资源与环境,13(5):448－453.

[69]闵庆文,谢高地,胡聃,等.2004.青海草地生态系统服务功能的价值评估[J].资源科学,26(3):56—60.

[70]孙平,赵新全,魏万红,等.2004.局部实验增温对根田鼠栖息地内斑块利用状况的影响[J].兽类学报,24(1):42—47.

[71]孙平,赵亚军,赵新全.2004.根田鼠气味识别的性二型[J].兽类学报,24(4):315—321.

[72]韩崇选,张宏利,杨学军,等.2004.利用植物控制鼠害的应用研究现状及展望[J].西北农业学报,13(3):89—92.

[73]冀仲义,袁锦富,陈伯华,等.2004.贝奥雄性不育灭鼠剂的实验观察[J].上海实验动物科学,24(4):241—242.

[74]张知彬,廖力夫,王淑卿,等.2004.一种复方避孕药物对三种野鼠的不育效果[J].动物学报,50(3):341—347.

[75]刘运喜,杨占清,吴钦永,等.2003.鲁中南丘陵地区鼠类生态学及其医学意义研究[J].中国媒介生物学及控制杂志,14(4):265—268.

[76]张宏利,韩崇选,杨学军,等.2003.鼠害及其防治方法研究进展[J].西北农林科技大学学报(自然版),31(增):167,172.

[77]张宏利,韩崇选,杨学军,等.2003.苦参杀鼠活性研究[J].西北农业学报,12(3):111—114.

[78]张美文,王凯荣,王勇,等.2003.洞庭湖区鼠类群落的物种多样性分析[J].生态学报,23(11):2260—2270.

[79]陈卫,高武,傅必谦.2002.北京兽类志[M].北京:北京出版社.

[80]施大钊,郭喜红,李安陆.2002.毒芹生物碱的提取及对害鼠的毒性试验[J].植保技术与推广,22(6):27—29.

[81]孙平,赵新全,徐世晓,等.2002.雪后海北高寒草甸地区根田鼠种群特征的变化[J].兽类学报,22(4):318—320.

[82]孙平,赵新全,徐世晓,等.2002.评土地利用对生物多样性的影响[J].生态经济,1:40,45.

[83]汪智军,王爱静.2002.新疆灭鼠植物[J].中国野生植物资源,21(6):37—38.

[84]韩崇选,郑雪莉,杨学军,等.2002.无公害专一选择性灭鼠剂的研制[J].陕西林业科技,2:1—6.

[85]韩崇选,王明春,杨学军,等.2002.安全型无公害灭鼠剂——克鼠星的研究[J].西北林学院学报,17(3):44—47.

[86]韩崇选,杨学军,王明春,等.2002.克鼠星1号对小白鼠的毒力测定[J].西北林学院学报,17(1):45—48.

[87]钟文勤,樊乃昌.2002.我国草地鼠害的发生原因及其生态治理对策[J].生物学通报,37(7):14.

[88]徐世晓,赵新全,孙平,等.2002.青海省草地鼠害现状及其治理[J].家畜生态,23(1):47—49.

[89]徐世晓,赵新全,孙平,等.2002.生物资源面临的严重威胁:生物多样性丧失[J].资源科学,24(2):6—11.

[90]杨爱莲.2002.西北五省(区)草地鼠虫害防治工作调查[J].中国草地,24(1):77—80.

[91]徐世晓,赵新全,孙平,等.2001.自然生态系统公益及其价值[J].生态科学,20(4):78—85.

[92]张春美,陈荣,周维民.2001.我国鼠类抗生育药剂的研究进展[J].中国森林病虫,1:34—35.

[93]张美文,王勇,郭聪,等.2001.开发烟草等为植物源灭鼠剂的初步探讨[J].中国媒介生物学及控制杂志,12(1):16—18.

[94]庄凯勋,贾培峰,初德志,等.2001.应用植物不育剂控制林木鼠害新技术应用[J].中国森林病虫,(增刊):34—37.

[95]欧宁,袁红宇,蔡涛.2001.马鞭草抗生育有效部位的实验研究[J].江苏中医,22(1):40—41.

[96]鼠类抗药性监测协作组.2000.家栖鼠的抗药性及对策研究(续)[J].中国媒介生物学及控制杂志,11(5):384—388.

[97]罗泽珣,陈卫,高武,等.2000.中国动物志 兽纲 第六卷 啮齿目(下册)仓鼠科[M].北京:科学出版社.

[98]欧宁,王海琦,袁红宇,等.1999.马鞭草抗早孕作用的动物实验研究[J].中国药科大学学报,30(3):209—211.

[99]魏万红,樊乃昌,周文扬,等.1999.实施不育后高原鼠兔攻击行为及激素水平变化的研究[J].兽类学报,19(2):119—131.

[100]魏万红,樊乃昌,周文杨,等.1999.复合不育剂对高原鼠兔种群控制作用的研究[J].草地学报,7(1):39—45.

[101]张知彬,王淑卿,郝守身,等.1997.α-氯代醇对雄性大仓鼠的不育效果观察[J].兽类学报,17(3):232—233.

[102]张知彬,王淑卿,郝守身,等.1997.α-氯代醇对雄性大鼠的不育效果研究[J].动物学报,43(2):223—225.

[103]詹绍琛,严延生,林淄,等.1997.闹羊花有毒成分的提取及灭鼠试验[J].中国媒介生物学及控制杂志,8(2):89—91.

[104]王世祥,井文寅,车锡平,等.1997.怀牛藤总皂甙抗生育作用及其

机理[J].西北药学杂志,12(5):209—211.

[105]路纪琪,吕国强,李新民.1997.河南啮齿动物志[M].郑州:河南科学技术出版社.

[106]王祖望,张知彬.1996.鼠害治理的理论与实践[M].北京:科学出版社.

[107]刘乾开.1996.农田鼠害及其防治[M].北京:中国农业出版社.

[108]贾瑞鹏,周性明,陈旬英.1996.川楝了油对雄性大鼠的抗生育作用[J].南京铁道医学院学报,15(1):1—3.

[109]高源.1996.鼠类化学不育剂的发展[J].中国媒介生物学及控制杂志,7(6):481—484.

[110]张建伟,许烨,钱绍祯.1996.草药雷公藤中的雄性抗生育有效成分[J].实用男科杂志,2(2):81—83.

[111]彭惠民,杨培,段明松,等.1995.口服药物对小鼠生育率的影响[J].中国预防医学杂志,29(5):318.

[112]程立方,张淑真,崔秀君.1995.中草药抗生育研究进展[J].时珍国药研究,6(2):45—46.

[113]王廷正,李金钢,张越,等.1995.黄土高原啮齿动物区系及鼢鼠成因分析[D].西安:西北大学出版社.

[114]张建伟,许烨,钱绍祯.1995.雷公藤抗雄性生育成分的研究[J].实用男科杂志,1(4):75—78.

[115]张知彬.1995.鼠类不育控制的生态学基础[J].兽类学报,15(3):229—234.

[116]赵翠兰,江燕,李开源.1995.朱槿花乙醇提取物对小白鼠的抗生育作用[J].云南中医中药杂志,16(6):57—58.

[117]朱红梅,钟鸣,韦玉伍,等.1995.岗松根抗生育作用的实验观察[J].医学理论与实践,8(4):145—146.

[118]张春美,吴克有,陈荣海,等.1994.复合不育剂对森林害鼠生殖阻断的研究[J].辽宁林业科技,(Z1):65—66.

[119]赵桂枝,施大钊.1994.中国鼠害防治[M].北京:中国农业出版社.

[120]王廷正,许文贤.1992.陕西啮齿动物志[M].陕西:陕西师范大学出版社.

[121]何冰芳,陈琼华.1991.黑木耳多糖对小鼠的抗生育作用[J].中国医科大学学报,22(1):48—49.

[122]钟文勤.1991.布氏田鼠鼠害生态治理方法的设计及其应用[J].兽类学报,11(3):204—212.

[123]陈荣海,赵日良,黄逦珍,等.1990.应用植物不育剂控制鼠类生育

的试验研究[J].东北师大学报(自然科学版)(2):53—60.

[124]周继铭,余朝菁.1990.抗生育中草药的研究[J].中成药,12(1): 37—40.

[125]王岐山.1990.安徽兽类志[M].合肥:安徽科学技术出版社.

[126]康新民,王晋蜀,梁烈庭,等.1989.马钱子灭鼠剂杀灭小家鼠试验研究[J].中国鼠类防治杂志,5(4):256—258.

[127]王士民,王恚,许烨,等.1989.昆明山海棠对雄性大鼠抗生育作用的研究[J].江苏医药,12:659—660.

[128]中国科学院西北高原生物研究所.1989.青海经济动物志[M].青海:青海人民出版社.

[129]朱靖,张知彬.1988.农牧业鼠害综合治理的研究现状及对策[J].农牧情报研究,7:1—10.

[130]陈冀胜,郑硕.1987.中国有毒植物[M].北京:科学出版社.

[131]夏武平.1986.灭鼠的生态观[J].中国农学通报,6:7—9.

[132]《四川资源动物志》编辑委员会.1984.四川资源动物志(2)兽类[M].四川:四川科学技术出版社.

[133]消毒杀虫灭鼠手册编写组.1980.消毒杀虫灭鼠手册[M].北京:人民卫生出版社.

[134]夏武平.1964.中国动物图谱:兽类[M].2版.北京:科学出版社.

[135]寿振黄.1962.中国经济动物志·兽类[M].北京:科学出版社.

[136]中国土农药志编辑委员会.1959.中国土农药志[M].北京:科学出版社.

[137]Wu RX,CHAI Q,ZHANG JQ,et al. 2015. Impacts of burrows and mounds formed by plateau rodents on plant species diversity on the Qinghai-Tibetan Plateau[J]. The Rangeland Journal,37(1):117—123.

[138]White R,Murray S,Rohweder M. 2000. Pilot Analysis of Global Ecosystem:Grassland Ecosystems Technical Report[J]. Washington,D. C. World Resource Institute,4(6):275.

[139]Knipling E F,McGuire J U. 1972. Potential role of sterilisstion for suppressing rat populations-theoretical appraisal[J]. Techn. Bull. Agric. Res. Service,U. S. Dept. Agric. ,1455.

[140]Davis,D E. 1961. Principles for population control by gametocides[J]. Trans N Am Wildl. Conf,26:160.

[141]Knipling E F. 1959. Sterile male method of population control [J]. Science,130:902.